建筑节能管理与技术丛书

JIANZHU JIENENG GUANLI YU JISHU CONGSHU

建筑节能管理

JIANZHU JIENENG GUANLI

重庆市城乡建设委员会
中煤科工集团重庆设计研究院　组编

董孟能　主编

何　丹　莫天柱　副主编

U0341562

重庆大学出版社

内 容 简 介

　　本书是《建筑节能管理与技术丛书》之一。全书以《民用建筑节能条例》《重庆市建筑节能条例》等法律法规和建筑节能相关技术标准为依据，全面介绍了重庆建筑节能的行政管理制度和工作措施，涵盖了建筑节能现行行政管理的全部内容，详细阐述了新建建筑节能管理、建筑节能技术使用管理、既有建筑节能管理、可再生能源建筑应用管理、绿色建筑管理和新型墙体材料发展管理的工作依据、目的、流程、内容及责任等。本书内容丰富，针对性、可操作性强，特别是明确提出了新建建筑节能闭合管理各个环节的判定标准，是城乡建设主管部门及其他工程管理、技术人员不可或缺的工具书。

　　本书可作为从事建筑节能行政管理及其相关从业人员的学习教材或参考书，也可作为建筑节能从业人员的专业培训教材。

图书在版编目（CIP）数据

建筑节能管理/董孟能主编. —重庆：重庆大学
出版社,2012.7
（建筑节能管理与技术丛书）
ISBN 978-7-5624-6552-2

Ⅰ.①建…　Ⅱ.①董…　Ⅲ.①建筑—节能—管理
Ⅳ.①TU111.4

中国版本图书馆 CIP 数据核字（2012）第 003808 号

建筑节能管理与技术丛书
建筑节能管理
重庆市城乡建设委员会
中煤科工集团重庆设计研究院　　组编
主　编　董孟能
副主编　何　丹　莫天柱
策划编辑　林青山　王　婷
责任编辑：林青山　　版式设计：李　懋
责任校对：贾　梅　　责任印制：张　策

*

重庆大学出版社出版发行
出版人：邓晓益
社址：重庆市沙坪坝区大学城西路21号
邮编：401331
电话：(023) 88617183　88617185(中小学)
传真：(023) 88617186　88617166
网址：http://www.cqup.com.cn
邮箱：fxk@cqup.com.cn（营销中心）
全国新华书店经销
重庆升光电力印务有限公司印刷

*

开本：787×1092　1/16　印张：11.25　字数：267 千
2012 年 7 月第 1 版　　2012 年 7 月第 1 次印刷
印数：1—4 500
ISBN 978-7-5624-6552-2　定价：30.00 元

编委会名单

总　编　程志毅　吴　波　谢自强

编　委　（以姓氏笔画为序）

丁小猷　卢　军　吕　忠　华冠贤

刘宪英　杨　东　李怀玉　何　丹

张　军　张智强　陈本义　赵本坤

秦晋蜀　莫天柱　夏吉均　彭成荣

董孟能　廖袖锋

序

　　建设资源节约型、环境友好型社会是党中央、国务院根据我国新时期的社会、经济发展状况作出的重大战略部署,是加快转变经济发展方式的重要着力点。推进三大用能领域之一的建筑节能已成为建设领域实现可持续发展和实施节约能源基本国策的重大举措。

　　重庆市城乡建设委员会自1998年开始推进建筑节能工作,积极开展技术创新和管理机制创新,着力完善建筑节能的政策、技术、产业三大支撑体系,在新建建筑执行建筑节能标准管理、国家机关办公建筑及大型公共建筑节能监管体系建设、可再生能源建筑应用示范城市和示范县建设、民用建筑节能运行管理、推进既有建筑节能改造和发展低碳绿色建筑6个方面取得了显著成效,在转变建设行业发展方式、创新建筑节能监管制度、强化科技支撑、提升建筑节能实施能力、完善经济激励机制、形成建筑节能工作体系6个方面创造了很多工作经验,特别是建立了完善的地方建筑节能标准体系、积极推进墙体自保温技术体系规模化应用、有效推行能效测评标识制度,以及率先在南方地区规模化推进既有建筑节能改造等,为全国推进建筑节能提供了范例,得到住房城乡建设部的高度评价,实现了经济效益、社会效益和环境效益的统一。

　　为加快"两型"社会建设,"十二五"期间国家和重庆政府都对建筑节能提出了更高的要求,《重庆市国民经济和社会发展第十二个五年规划纲要》已将实施建筑节能、发展低碳建筑列为"十二五"时期建设"两型"社会的重要工程项目,到"十二五"期末,重庆要累计形成年节能446万吨标煤,减排当量CO_2 1 016万吨的能力,任务艰巨而光荣。但建筑节能贯穿于建筑物设计、建造和运行使用的全过程,涉及政策制定、技术研发、标准编制、工程示范、产业发展、经济激励和监督执行等方方面面,其专业性、技术性、政策性强,涉及面广、协调工作量大,是一个复杂的系统工程,要确保完成目标任务,必须加强建筑节能的实施能力建设,通过系统教育,不断提升行政管理人员、工程技术管理人员和施工工人三个层面的建筑节能从业人员的技术、管理水平和操作能力。

为此,我委组织编写出版了《建筑节能管理与技术丛书》,按照国家建设资源节约型、环境友好型社会的要求,以建筑节能法律法规、技术标准为主线,系统总结了建筑节能管理、设计、施工及验收、材料与设备、检测和运行管理等方面的工作要求、技术规定和基本知识,共计6册,为城乡建设主管部门以及广大建设、设计、审图、施工、监理、检测及材料生产、供应单位的主要管理和技术人员提供一套集权威性、系统性、实用性为一体的工具书,作为全市开展建筑节能培训教育的专用教材,以期对建筑节能事业的全面发展作出应有的贡献。

希望建设行业从业人员加强学习,不断适应新形势,把握新机遇,满足新要求,围绕城乡建设可持续发展,开拓创新,为建设资源节约型、环境友好型社会作出积极贡献。

程志毅

重庆市城乡建设委员会党组书记、主任

二〇一二年五月

前　言

　　建筑节能是建设领域实现可持续发展和实施节约能源基本国策的重大举措,是建设领域贯彻落实科学发展观的内在要求。为加强建筑节能管理,确保建筑节能目标的实现,自推动建筑节能之初,重庆市城乡建设委员会就高度重视建筑节能管理体系的建设工作,在完善建筑节能政策法规、建立新建建筑节能闭合管理模式等方面开展了一系列创新性的工作,在全国率先实施了建筑节能初步设计专项审查、建筑节能设计质量自审责任制和强制性的建筑能效测评标识制度,落实了建筑节能材料和产品的使用管理制度,组织实施了国家机关办公建筑和大型公共建筑节能监管体系全国示范城市建设以及可再生能源建筑应用示范城市和示范县建设,成效显著。

　　在认真总结重庆市在建筑节能管理体系建设中取得的成功经验的基础上,结合工作实践和需要,组织编写了《建筑节能管理》。该书是《建筑节能管理与技术丛书》之一,主要介绍了重庆建筑节能的行政管理制度和工作措施,共分7章。其中,第1章主要介绍建筑节能的基本概况和发展,第2—7章按照建筑节能工作的重点领域,分别从新建建筑节能管理、建筑节能技术使用管理、既有建筑节能管理、可再生能源建筑应用管理、绿色建筑管理和新型墙体材料发展管理等方面进行了较全面的介绍,作为全市开展建筑节能培训的专用教材,为建筑节能从业人员提供系统、全面、实用的参考,以期对全市建筑节能的发展作出应有的贡献。

　　本书由董孟能担任主编,何丹、莫天柱担任副主编,由董孟能、何丹统稿。本书写作的具体分工为:第1章由董孟能、何丹编写;第2章由莫天柱、董孟能、吕忠、何丹、戴小波编写;第3章由赵本坤、何丹编写;第4章由何丹、董孟能编写;第5章由廖袖锋、张军编写;第6章由钱发、张军编写;第7章由赵本坤、邓瑛鹏编写;附录1由莫天柱编写;附录2由莫天柱、何丹、曾小花编写。

　　本书在编写过程中得到了重庆市相关建筑节能专家的大力支持,并参考了市内外建筑节能的相关文献资料,在此一并感谢!

　　由于时间和水平有限,书中遗漏和不妥之处在所难免,恳请广大读者指正。

编者

2012 年 5 月

目 录

第1章 概　述

1.1　建筑节能的发展

能源是人类社会发展的重要基础资源,能源发展与经济、环境、人口的关系成为世界共同面临和关注的热点问题之一。为缓解资源约束和环境压力,党中央、国务院提出了建设资源节约型、环境友好型社会的重大科学决策,并坚持把建设资源节约型、环境友好型社会作为"十二五"加快转变经济发展方式的重要着力点,明确了"十二五"国内生产总值能源消耗降低16%,单位国内生产总值二氧化碳排放降低17%的目标。因此,在全球应对气候变化,发展低碳经济的大潮中,建筑作为能源消耗的大户,实现能源使用的可持续发展受到了越来越多的重视。

建筑节能概念始于20世纪70年代。1973年,欧佩克国家对美国石油禁运,世界石油危机爆发,促使发达国家采取各种措施节约能源,建筑节能首次被提出。但随着人们对节约能源与满足舒适和健康要求之间关系认识的不断深入,建筑节能的内涵在不断变化,已经历了4个发展阶段:第一阶段,建筑节能的目标被锁定为节约用能、限制用能,抑制建筑能耗的增长;第二阶段,提出在总能耗基本不变的情况下,满足人们对健康、舒适的要求;第三阶段,要求用最小代价和最小能耗来满足人们的合理需求,提高建筑能源利用效率;第四阶段,将建筑节能放在可持续发展战略的背景下考虑,提出了可持续建筑、绿色建筑、生态建筑等理念。

《重庆市建筑节能条例》将建筑节能定义为:在保证建筑物使用功能和室内热环境质量的前提下,在建筑物的规划、设计、建造和使用过程中采用节能型的建筑技术和材料,降低建筑能源消耗,合理、有效地利用能源的活动。这里的建筑能耗是指建筑在使用过程中的能耗,主要包括采暖、通风、空调、照明、炊事燃料、家用电器和热水供应等能耗。其中以采暖和空调能耗为主。

1.2　我国实施建筑节能的重要意义

1)建筑节能是实现社会经济可持续发展的需要

相关统计数据表明,我国能源消费与GDP基本上是同向增长的,能源消费是经济持续增长的重要推动力。因此,增加能源供给,提高能源利用效率,是我国经济持续稳定发展的一项重要任务。目前全国房屋总面积已超过400亿 m^2,预计到2020年底,全国房屋建筑面积将新增达300亿 m^2。随着经济的快速发展和人们生活水平的日益提高,我国城乡居民的生活方式将从生存型向舒适型转变,对建筑面积、建筑室内环境舒适度等居住条件的要求逐渐提高,导致建筑能耗持续刚性上升,成为未来20年能耗和排放的主要增长点。据统计,

2010 年我国能源消费总量为 32.5 亿 t 标准煤,其中建筑能耗占全社会总能耗的 28% 以上。由于我国建筑能耗长期快速增长的趋势和增量在能源需求增长中的主导地位确定了其在我国能源战略中的核心地位。据测算,到 2020 年我国建筑节能总潜力大约能达到 3.8 亿 t 标准煤,超过了整个英国 2002 年能耗总量;空调高峰负荷可减少约 8 000 万 kW·h,约相当于 4.5 个三峡电站的装机容量,减少电力投资 6 000 亿元。因此,实施建筑节能对我国社会经济实现可持续发展至关重要。

2) 建筑节能是减轻环境污染的需要

我国的化石能源占总能源数量的 92%,其中煤炭占 68%,电力生产中的 78% 依赖燃煤发电。随着城镇建筑的迅速发展,建筑采暖和空调、生活和生产用能日益增加,客观上造成向大气排放的污染物急剧增长,环境形势十分严峻。我国是主要的二氧化碳排放国之一,建筑用能的二氧化碳排放量占到全国用能排放量的 1/4。能源消费引起的二氧化硫和烟尘的排放量超过总排放量的 80%,酸雨面积占国土面积 1/3,占全球 13%。同时,粉尘污染物是许多疾病的致病因素,对居民健康造成严重危害。

3) 建筑节能是改善建筑热环境的需要

与世界同纬度地区相比,1 月平均气温我国东北要低 14 ~ 18 ℃,黄河中下游要低 10 ~ 14 ℃,长江以南要低 8 ~ 10 ℃,东部沿海要低 5 ℃左右;而 7 月平均气温,我国绝大部分地区却要比同纬度地区高出 1.3 ~ 2.5 ℃。加之,热天整个东部地区湿度均高,冷天东南地区仍保持高湿度。由此可见,我国冬冷夏热的问题相当突出,绝大部分地区夏天闷热,冬天阴冷。而随着现代化建设的发展和人们生活水平的提高,舒适的建筑热环境日益成为人们生活的需要,冬天需要采暖,夏天想要空调,这都需要能源的支持,其中对优质能源的需求量增长更快,而我们的能源供应特别是优质能源供应十分紧张。也就是说,从宏观上看,只有在节约能源与加速能源开发的条件下改善热环境,这种改善才有可能,否则只是无米之炊,只能加重国家的资源、能源困难。

4) 建筑节能是发展建设行业的需要

各发达国家建筑业发展的实践证明,多项建筑技术和许多建筑产品的发展都与建筑节能的发展息息相关。这是因为,随着国家对建筑节能要求的日益提高,墙体、门窗、屋面、地面以及采暖、空调、照明等建筑的基本组成部分都发生了巨大变化。房屋建筑不再是砖石等几种传统产品包揽天下,多年以来习用的材料和做法不得不退出历史舞台,材料设备、建筑构造、施工安装等都在进行多方面的变革,许多新型高效保温材料、密封材料、节能设备、保温管道、自动调控元器件大量涌入建筑市场。新的节能建筑大量兴建,加上既有建筑大规模的节能改造,产生了巨大的市场需求,从而涌现出万千家生产建筑节能产品的企业,也促进了各设计施工和物业管理部门调整其技术结构和产业结构,使得不少发达国家的建筑业在相对停滞中出现了生机。发达国家的情况如此,我国推进建筑节能也有利于扩大内需。据测算,实施建筑节能可以为国家增加 3 000 亿元以上年产值,对增加 GDP 的贡献率达到 1% 以上,扩大就业 500 万人以上,为国家经济社会发展作出重大贡献。

1.3 重庆市建筑节能概况

重庆地处夏热冬冷地区,气候特点是夏季高温闷热,冬季潮湿阴冷,居住舒适度差。随着重庆经济社会的高速发展,老百姓对居住舒适性的要求不断提高,自发改善居住热环境的意愿很强,建筑能耗呈持续增长的态势。根据重庆统计数据测算,2007年重庆建筑能耗占全市终端能耗的比例已达到25%左右,推进建筑节能的重要性和紧迫性十分突出。

在重庆市委、市政府的重视下,重庆市建筑节能工作从1998年开始按照"舆论引导、科技支撑、标准先行、技术配套、示范带动、产业跟进、管理规范、质量保证"的工作思路积极推进,大致可分三个阶段:

第一阶段:从1998—2003年,工作以开展试点、示范、研发建筑节能技术和发展建筑节能产业、编制建筑节能标准为主,主要是建筑节能技术措施的建立和完善阶段。

第二阶段:从2004—2007年,工作以研究制定推动建筑节能的政策措施,加强建筑节能实施监管为主,主要是建筑节能政策措施的建立和完善阶段。

第三阶段:从2008年至今,工作以贯彻执行《重庆市建筑节能条例》《民用建筑节能条例》为重点,是依法全面实施建筑节能的阶段。

经过这三个阶段10余年的努力工作,重庆建筑节能事业取得了长足发展,已具备全面推进的基础条件。主要体现在以下方面:率先在中国出台了建筑节能的地方性法规——《重庆市建筑节能条例》;率先在中国夏热冬冷地区编制发布了建筑节能50%和65%设计标准;率先在全国建立并实施了建筑节能初步设计专项审查制度和建筑节能设计质量自审责任制,强化了在设计环节的建筑节能管理;率先在全国实施了强制性的建筑能效测评与标识制度,加强了对建设各方主体的制度约束,实现了对新建建筑节能的闭合管理;率先在全国实施水源热泵建筑规模化应用,被列为国家可再生能源建筑应用城市级示范城市;率先开展了国家机关办公建筑和大型公共建筑节能监管体系建设,被列为国家机关办公建筑和大型公共建筑节能监管体系建设全国示范城市;率先在全国建立了绿色建筑评价体系,大力发展绿色低碳建筑;率先在全国规模化推广应用了墙体自保温技术体系;率先在全国实现了建筑节能设计分析软件的免费使用;率先组织建成了住房和城乡建设部(原建设部,后文简称住建部)认可的夏热冬冷地区第一个建筑节能50%的示范小区——北碚天奇花园。

"十二五"期间,重庆将按照"统筹规划、分类指导、因地制宜、突出重点、创新机制、强化支撑、依法监管、提高能力"的工作思路,推动新建建筑节能全覆盖、既有建筑节能改造上台阶、可再生能源建筑应用成规模、绿色低碳建筑大发展,努力实现全市新建城镇建筑竣工验收阶段建筑节能标准执行率达到99%以上,既有建筑节能改造350万 m^2,可再生能源建筑规模化应用450万 m^2 新建绿色建筑1 000万 m^2,新型节能墙体材料应用比例达到65%以上的目标,着力构建以低碳排放为特征的建筑体系。到"十二五"期末,累计形成年节能446万 t标煤,减排当量 CO_2 1 016万 t的能力。

而在推进建筑节能的过程中,重庆还面临新建建筑节能发展水平参差不齐、既有建筑节能改造实施难度大、可再生能源建筑应用和绿色建筑占建筑总量的比例还较低、节能技术和材料产品不能有效满足市场需求等问题。因此,为实现"十二五"建筑领域节能减排目标,作为法律、法规赋予监督管理职责的各级城乡建设主管部门,亟需增强建筑节能工作责任意识,进一步提高建筑节能实施能力,以抓好新建建筑节能监管为重点,从加强规划、设计、施工、验收、能效测评全过程的闭合式管理入手,严格、规范地履行好建筑节能管理职责,为推动建设领域的可持续发展提供保障。

对此,本书从新建建筑节能、建筑节能技术使用、既有建筑节能、可再生能源建筑应用、绿色建筑、新型墙体材料发展等方面,对建筑节能相关政策、法规、实施的各项管理制度进行了阐述,为从事建筑节能相关管理活动提供指导。

第2章 新建建筑节能管理

2.1 新建建筑节能闭合管理

2.1.1 新建建筑节能闭合管理的概念

新建建筑节能闭合管理是指城乡建设主管部门在其他相关行政主管部门的配合支持下,对新建建筑工程从立项、规划、设计、施工图审查、施工、监理、工程检测、质量监督、竣工验收、销售许可、物业管理等各个环节贯彻建筑节能管理规定和执行建筑节能强制性标准要求进行系统的监督管理的制度。

按照《民用建筑节能条例》和《重庆市建筑节能条例》的规定,当前城乡建设主管部门对新建建筑节能闭合管理主要体现在:规划设计方案的建筑节能审查,初步设计阶段的建筑节能专项审查,建筑节能设计自审管理,建筑节能施工图设计文件的审查,施工许可、施工管理、工程检测管理、质量监督、建筑节能分部工程验收、建筑能效测评与标识、房屋预售许可、建筑节能信息公示、物业管理及房屋使用后的运行管理等环节。

2.1.2 新建建筑节能闭合管理的主要内容

(1)规划管理要求

城乡规划主管部门依法对民用建筑进行规划审查,应当就设计方案是否符合民用建筑节能强制性标准征求同级城乡建设主管部门的意见,城乡建设主管部门应当自收到征求意见材料之日起 10 日内提出意见,对城乡建设主管部门认为不符合民用建筑节能强制性标准的民用建筑项目,城乡规划主管部门不得颁发建筑工程规划许可证。

(2)设计管理要求

设计单位必须按照建筑节能强制性标准进行设计。建筑工程项目的初步设计和施工图设计文件均应按《建筑工程设计文件编制深度规定(2008 年版)》要求编制建筑节能设计专篇。初步设计方案中的建筑节能内容必须报城乡建设主管部门审查同意。

(3)施工图审查管理要求

施工图审查机构应当在施工图审查报告中单列节能审查章节。不符合建筑节能强制性标准的,施工图设计文件审查结论应当定为不合格。

(4)施工许可要求

建筑节能施工图设计文件经审查不合格的,城乡建设行政主管部门不得颁发施工许可证。

（5）建设要求

建设单位应按照建筑节能政策要求和重庆市现行的建筑节能设计标准委托设计与施工，不得擅自变更经审查合格的建筑节能设计文件，不得明示或暗示有关单位使用不符合建筑节能标准的各种材料设备，降低节能技术标准。如需变更建筑节能设计文件须由原设计单位负责修改，并报原施工图审查机构重新审查合格。

（6）施工要求

施工单位应具备承接建筑节能工程施工的相应资质；应严格按照经审查合格的建筑节能施工图设计文件和建筑节能标准进行施工，施工现场应建立有效的质量管理体系、施工质量控制和检验制度。工程开工前，施工单位必须制订建筑节能工程专项施工方案并报监理（建设）单位审批，对施工作业人员进行建筑节能技术交底和必要的操作技能培训；对进入施工现场的墙体材料、保温隔热材料、节能门窗及采暖、通风、空调、照明设备等建筑节能产品严格进行查验或见证取样送检；按《建筑工程技术资料管理规程》要求整理、汇总，做好施工资料。

（7）监理要求

监理单位应严格按照建筑节能政策要求、国家和重庆市现行相关建筑节能标准的要求、经审查合格的建筑节能施工图设计文件实施监理。对违反规定擅自改变建筑节能设计、未按建筑节能施工图设计文件进行施工、选用未取得重庆市城乡建设主管部门备案许可的建筑节能产品和技术的，监理工程师不得签字认可。工程监理完成后，监理单位应按《建筑工程技术资料管理规程》要求整理、汇总，做好监理资料，并在工程质量评估报告中明确建筑节能标准的实施情况。

（8）工程检测要求

检测机构应取得建筑节能检测资质后并按重庆市城乡建设主管部门规定程序备案后方可从事与建筑节能有关的检测工作。建筑节能检测机构应当及时、公正、客观、真实地出具检测报告，不得伪造或出具虚假检测报告；检测过程中发现不合格的节能材料或产品，应及时向城乡建设主管部门报告。

（9）质量监督要求

建设工程质量监督机构要依法加强对民用建筑节能工程的监督、管理，规范参建各方的质量行为，现场监督人员应重点对建设工程现场的建筑节能材料、产品和设备质量，以及分部（分项）工程施工过程进行监督检查，并负责监督建筑节能工程（专项）竣工验收。

（10）分部工程验收管理

建筑节能各分部工程施工完成后，建设单位应当按照《建筑节能施工质量验收规范》规定的验收条件和工作内容组织进行建筑节能分部工程验收，质量监督机构应当按照《民用建筑节能工程质量监督工作条例》规定对建筑分部工程和质量验收进行监督。

（11）建筑能效测评与标识管理

建筑节能分部工程验收合格后，建筑工程项目竣工验收之前，建设单位应当向城乡建设主管部门申请建筑能效测评，建筑工程项目未经建筑能效测评或者建筑能效测评不合格的，不得组织竣工验收，不得交付使用，不得办理竣工验收备案手续。

（12）销售要求

房地产开发企业在销售商品房时,应当向购买人明示所销售房屋的能效水平、节能措施及保护要求、节能工程质量保修期等基本信息,并在房屋买卖合同和商品房质量保证书、商品房使用说明书中予以载明。

（13）物业管理要求

民用建筑所有权人、使用人或其委托的物业服务单位应当定期对建筑物用能系统进行维护、检修、监测及更新置换,保证用能系统的运行符合国家、行业和重庆市建筑节能强制性标准。不得人为损坏建筑围护结构和用能系统。

2.2 规划阶段建筑节能管理

2.2.1 管理的目的和依据

1）管理的目的

规划设计包括城镇总体规划和小区规划。从规划设计入手,采用合理的规划设计理念、方法和技术措施,可以降低节能投资,减少能源消耗。例如,通过小区自然环境的合理利用、小区绿化、建筑物朝向和整体布局的合理安排、空气流的有效组织等,可达到一定的节能效果。但如果在规划设计中没有考虑到"节能",那么在后期的建筑设计中,特别是在施工图设计阶段再采取技术措施,将很难控制建筑节能增量成本,而且设计、施工难度将大为增加。

住建部关于贯彻《国务院关于加强节能工作的决定》的实施意见（建科［2006］231号）中提出,要提高城乡规划编制的科学性,从源头转变城乡建设方式,在城乡规划编制和实施中要充分体现节约资源的基本国策。从规划源头控制高能耗建筑的建设。

2）管理的依据

《民用建筑节能条例》第十二条规定:编制城市详细规划、镇详细规划,应当按照民用建筑节能的要求,确定建筑的布局、形状和朝向。城乡规划主管部门依法对民用建筑进行规划审查,应当就设计方案是否符合民用建筑节能强制性标准征求同级建设行政主管部门的意见;建设行政主管部门应当自收到征求意见之日起10日内提出意见。征求意见时间不计算在规划许可的期限内。对不符合民用建筑节能强制性标准的,不得颁发建设工程规划许可证。

《重庆市建筑节能条例》第十二条规定:建筑工程项目进行方案设计或规划行政主管部门对方案设计进行审查时,应当在建筑的布局、体形、朝向、采光、通风和绿化等方面综合考虑能源利用和建筑节能的要求。

根据《民用建筑节能条例》和《重庆市建筑节能条例》等法律法规的要求,在规划方案设计阶段,应当对建筑的布局、体形、朝向等进行合理控制,并就设计方案是否符合民用建筑节能强制性标准征求同级建设行政主管部门的意见。对不符合民用建筑节能强制性标准的,不得颁发建设工程规划许可证。

2.2.2　管理流程

建设单位在提交方案设计同时向市(区、县)规划主管部门提交建筑节能设计方案,市(区、县)规划主管部门2日内把该节能设计方案转交同级城乡建设主管部门,同级城乡建设主管部门对该节能设计方案进行审查,10日内向市(区、县)规划主管部门反馈其审查意见,对不符合民用建筑节能强制性标准的,建设单位调整建筑节能方案后重新申请专项审查。

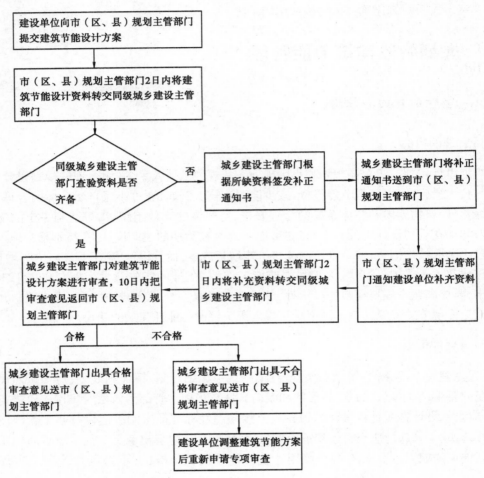

图2.1　规划阶段建筑节能管理流程图

2.2.3　管理的内容和方法

方案设计阶段建筑节能专项审查,是按照建筑节能有关标准和技术要求,对规划方案建筑节能设计采取定量和定性分析相结合的方法,依据节能设计图、报告书、节能设计模型等资料,综合评定规划方案阶段建筑节能设计情况的活动。

1)申报资料

规划方案设计阶段,建筑节能专项审查应具备建筑节能专篇、建筑节能设计基本情况汇总表(见表2.1)。专篇中应包含如下内容:

①建筑节能设计的主要依据。

②每栋建筑的基本参数:朝向(朝向与建筑所在地区的自然环境有关,重庆市建筑朝向建议,见表2.2)、体形系数、窗墙面积比。体形系数大于0.45或窗墙面积比大于0.5的居住建筑,须提供建筑节能计算报告书及建筑节能设计模型;某朝向窗墙面积比大于0.7的公共建筑,须提供建筑工程节能计算报告书及建筑节能设计模型。

③每栋建筑外围护结构的主要材料(外墙、屋顶、外窗)。

④小区布局、绿化、风向说明。

⑤采用集中采暖、空调的建筑所采用暖通空调设备类型,冷热源设备的能效比及热效率,公共建筑及住宅公共部位采用的灯具类型及照明控制方式,各主要功能场所的照明功率密度值等。

表2.1 方案阶段建筑节能设计基本情况汇总表

_____方案阶段建筑节能设计基本情况汇总表

栋号	建筑类型	层数	建筑面积	执行标准	体形系数	朝向	窗墙面积比			
							东	南	西	北

注:申报项目各单体均需填写,不够可加页。

表2.2　重庆建筑朝向建议

最佳朝向	适宜朝向	不宜朝向
南偏东 10°～南偏西 10°	南偏东 30°～南偏西 20°	西、东

2）技术要点

①应充分考虑建筑体形系数对建筑节能的影响，合理选取建筑平面形式，权衡利弊，减少不必要的凹凸变化，简化外立面设计，严格控制建筑体形系数。

②低层建筑的体形系数不宜超过 0.55，多层建筑的体形系数不宜超过 0.5，高层建筑的体形系数不宜超过 0.4。

③南向窗墙比可适当增大，东西朝向应严格控制窗墙面积比。外窗宜在夏季尽量减小遮阳系数，冬季增大遮阳系数，有条件的建筑物鼓励采用活动外遮阳。

3）审查方法

①查验申报材料是否齐备，资料不齐备的不予受理。

②根据建设单位提交的"项目方案阶段建筑节能设计基本情况汇总表"，判断被抽样建筑是否按要求进行抽样，具体抽样原则如下：

a.公共建筑〔居住建筑底部为房屋层数不超过两层且建筑面积不超过 300 m² 的商业服务网点除外〕应全部抽样，进行建筑节能计算。

b.居住建筑按建筑单体总数 20% 的比例进行抽样，且抽样单体应同时满足以下条件：

● 居住建筑高层、多层、低层应按同等比例分别抽样；

● 居住建筑按体形系数最不利的原则进行抽样；

● 建筑外形、户型相同的建筑不重复抽样；

● 最少抽样总量不少于 5 栋建筑单体，如不足 5 栋的按实际全部抽样。

③申报材料齐备且抽样满足要求的，可进行后续技术审查：

a.建筑节能设计专篇是否达到《建筑工程设计文件编制深度规定（2008 版）》和相关标准的要求。

b.被抽样建筑单体的建筑设计图说、建筑节能设计模型、建筑节能计算报告书是否具有一致性，且按国家及重庆市现行建筑节能设计标准及相关规定设计。

4）判定原则

①被抽样建筑单体的节能设计均符合建筑节能强制性标准和相关管理规定的要求，则判定该项目建筑节能专项审查合格；如被抽样建筑任一单体的节能设计不符合建筑节能强制性标准或相关管理规定的要求，则判定该项目建筑节能专项审查不合格。

②对体形系数、窗墙面积比偏大的建筑，提出应合理控制体形系数和窗墙面积比的建议，提醒建设单位和设计单位此类建筑不利于建筑节能，易导致节能增量成本过高、节能措施难于实施、资源浪费等。

2.2.4 各方主体的职责

（1）规划主管部门

规划主管部门应依法对民用建筑进行规划审查,应当就设计方案是否符合民用建筑节能强制性标准征求同级建设行政主管部门的意见。

（2）城乡建设主管部门

城乡建设主管部门应当对民用建筑的设计方案进行建筑节能专项审查。

（3）建设单位

建设单位应当委托设计单位在方案设计阶段进行建筑节能专项设计。

（4）设计单位

设计单位在方案设计阶段应当按《建筑工程设计文件编制深度规定（2008版）》进行建筑节能专项设计,对于涉及建筑节能的专业,其设计说明应有建筑节能设计专门内容,具体要求如下:

①建筑设计说明中应有建筑节能设计说明,包含设计依据、项目所在地的气候分区、概述建筑节能设计及围护结构节能措施。

②建筑电气设计说明应包含建筑电气节能措施。

③给水排水设计说明应包含重复用水及采取的其他节水、节能减排措施。

④采暖通风与空气调节设计说明应包含工程概况及采暖通风和空气调节设计范围,采暖、空气调节的室内设计参数及设计标准,冷、热负荷的估算数据,采暖热源的选择及其参数,空气调节的冷源、热源选择及其参数,采暖、空气调节的系统形式,控制方式简述,通风系统简述,防排烟系统及暖通空调系统的防火措施简述,节能设计要点等。

2.3 初步设计阶段建筑节能管理

2.3.1 管理的目的和依据

1）管理目的

本着从设计源头强化建筑节能管理的意图,为提高设计单位的建筑节能设计质量,加强建设单位的建筑节能意识,重庆市自2006年在初步设计阶段施行建筑节能专项审查制度,在建筑节能工程的整个监管环节中起到了重要作用。

2）管理依据

《重庆市建设工程勘察设计管理条例》第三十条规定:国有资金投资的建设工程以及非国有资金投资的大、中型建设工程和技术复杂的小型建设工程的初步设计,应当经建设行政主管部门或交通、水利等主管部门批准后,方可开展施工图设计。

《重庆市建筑节能条例》第十三条规定:建筑工程项目的初步设计应当符合建筑节能强制性标准要求。初步设计阶段应当按照国家有关规定编制建筑节能设计专篇和项目热工计算书。

对此,重庆市建设委员会《关于加强民用建筑节能管理工作的通知》(渝建发〔2005〕193号)规定,初步设计审批应将建筑节能设计纳入重要审查内容,对不符合建筑节能设计标准的民用建筑工程不得批准初步设计。

2.3.2 管理流程

初步设计建筑节能专项审查流程如图2.2所示。

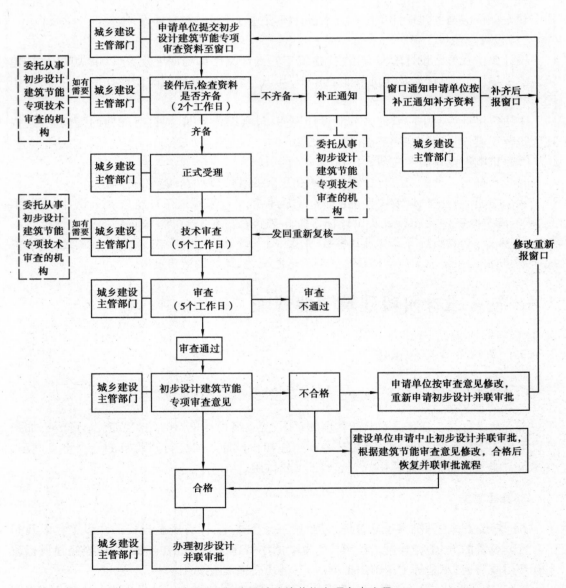

图2.2 初步设计建筑节能专项审查流程

①建设单位在申报初步设计审批时,应同时申报初步设计建筑节能专项审查,填写《重庆市初步设计建筑节能专项审查申请表》(见2.3.5节),提供相关申报资料,并对其真实性负责。

②城乡建设主管部门在收到初步设计建筑节能专项审查申请及申报资料后,查验资料是否齐备(见表2.3),对资料不齐备的,应当在2个工作日内根据所缺资料签发补正通知书(见2.3.5节),补充材料的时间不计入审查时间;对资料齐备的,从接件之日起计入审查时间。

表2.3 初步设计建筑节能专项审查申报材料清单

1	初步设计建筑节能专项审查申请表	电子、盖章件	各1份
2	初步设计建筑节能设计专篇	盖章件	1份
3	初步设计图纸及说明 (包括建筑、电气、暖通、给排水专业)	电子件(必要时提供蓝图)	1份
4	建筑节能计算报告书	盖章件	1份
5	建筑节能设计模型	电子件	1份
6	重庆市建筑节能设计自审意见书(见2.3.5节)	加盖建筑节能设计自审专用盖	1份
7	重庆市建筑节能设计基本情况表(见表2.4—2.6)	盖章件	1份

③城乡建设主管部门在10个工作日内根据国家、重庆市建筑节能相关标准及规定进行建筑节能专项审查,并出具初步设计建筑节能专项审查意见。

④对初步设计建筑节能专项审查不合格的建筑工程,不得批准初步设计,建设单位应整改后重新申报专项审查。

⑤对初步设计建筑节能专项审查结果有异议的,建设单位可在收到审查结果后,10个工作日内向城乡建设主管部门申请复核。

2.3.3 管理内容和方法

1)申报资料

申报资料见表2.3。

2)审查内容

初步设计阶段建筑节能专项审查内容如图2.3所示。

3)审查要点

(1)重庆市建筑节能设计自审意见书

①应按重庆市城乡建设委员会《关于建立建筑节能设计质量自审责任制的通知》(渝建〔2010〕160号)要求制作"重庆市建筑节能设计自审意见书"(见2.3.5节)。

②自审意见书应加盖"重庆市建筑节能设计自审专用章",且建筑节能设计自审专用章应经重庆市城乡建设委员会备案,并按统一格式制作。

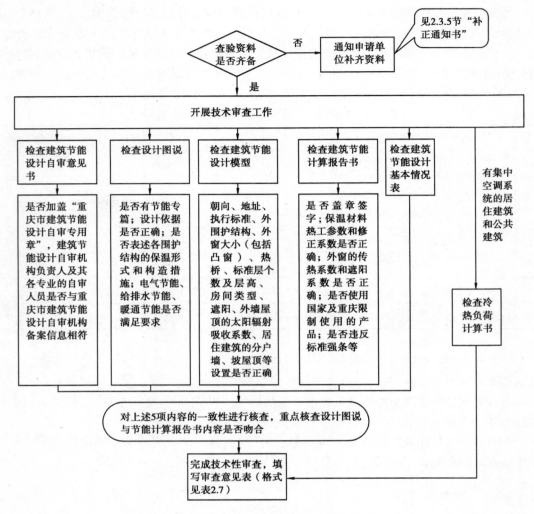

图 2.3　初步设计建筑节能专项审查内容

③建筑节能设计自审机构负责人及建筑、暖通、电气、给排水各专业自审人员应与重庆市城乡建设委员会备案人员一致。

（2）建筑设计图说

①建筑设计说明中应有独立的建筑节能专篇，且应包含以下内容：

a.建筑节能设计执行的主要法规和采用的主要标准（包括标准的名称、编号、年号）；

b.项目的基本情况（城市、建筑类型、所在地的气候分区及围护结构的热工性能限值）；

c.概述围护结构各部位（屋顶、外墙、冷热桥、外门窗、分户墙、楼板、底部自然通风架空楼板、户门）选用的材料；

d.各保温材料的主要热工参数（密度、导热系数、蓄热系数及相应的修正系数）；

e.外窗型材类型及热工参数；

f.玻璃类型及构造；

g.项目满足节能标准采用规定性指标或权衡判断，节能率指标；

h.说明总平面设计如何因地制宜,合理布局,有利于节能要求的情况。

②总平面图:

a.总平面图中应准确表达建筑物的主要朝向及建筑物外轮廓线,标明设计建筑物所在地的风玫瑰图;

b.总平面图中应准确表达建筑场地中的硬化地面、水域及绿地。

③平面图:

a.平面图所绘门、窗、幕墙、遮阳构件等,应与建筑节能设计说明书和计算书保持一致。当采用分散式空调时,应绘出空调室外机或窗机位置;

b.平面图中应通过门窗编号、幕墙编号加洞口尺寸或采用门窗、幕墙表直观反映门窗、幕墙洞口尺寸。

④立面图:立面图中所绘门、窗、幕墙、遮阳构件等,应与建筑节能设计说明书和计算书保持一致。

⑤剖面图:剖面图中所绘门、窗、幕墙、屋顶透明部分等,应与建筑节能设计说明书和计算书保持一致。

⑥详图:针对节能措施及技术手段提供必要的节能概念设计(示意)图,如墙体示意图、遮阳示意图、冷热桥部位示意图等。

(3)建筑节能设计模型

①建筑节能设计模型应与设计图说一致。

②每栋单体应提供一个建筑节能设计模型(对于建筑外形、结构、朝向、楼层数、户型、材料、设备及使用功能等完全相同的建筑,可不重复进行计算)。

③朝向、地址、执行标准等基本参数设置应正确。

④围护结构设置(包括建筑形态、剪力墙的设置、内部分隔、架空楼板、冷热桥的设置等)与设计图应一致。

⑤房间类型设置与设计图应一致。

⑥外窗大小与设计图应一致(阳台透明部分是否按窗处理,凸窗是否按平窗处理等)。

⑦标准层个数、总层数、层高与设计图应一致。

⑧遮阳的设置与设计图应一致。

⑨外墙、屋顶的太阳辐射吸收系数与设计图应一致。

⑩居住建筑分户墙设置与设计图应一致。

⑪坡屋顶设置与设计图应一致。

⑫进行计算,检查计算结果与节能计算报告书应一致。

(4)建筑节能计算报告书

①应有设计、校审人员签字并加盖单位资质证章及注册建筑师执业印章。

②应明确使用的计算软件、版本和编程单位。

③应有主要的建筑节能设计依据。

④应有项目概况(城市、地区、朝向、建筑类型、体形系数、节能计算面积、建筑层数、建筑物高度)。

⑤居住建筑须说明建筑的体形系数。

⑥明确围护结构各部位(屋顶、外墙、冷热桥、外门窗、分户墙、楼板、底部自然通风架空楼板、户门)选用的材料及厚度、构造层次,并计算其传热系数 K 值和热惰性指标 D 值;公共建筑还须说明地面、地下室外墙选用材料及厚度、构造层次,并计算其传热系数 K 值和热惰性指标 D 值。

⑦应说明各保温材料的密度、导热系数、蓄热系数及相应的修正系数。

⑧应计算建筑外窗(包括透明幕墙)窗墙面积比。当窗(包括透明幕墙)墙面积比小于 0.4 时,公共建筑应说明所选窗玻璃(包括透明材料)的可见光透射比及外窗可开启面积比。

⑨应提供外窗玻璃(包括透明幕墙)自遮阳系数、空气层厚度、综合遮阳系数、气密性等级、窗框面积比、采用外遮阳措施。

⑩明确项目满足节能标准采用规定性指标或权衡判断。

⑪应有全年空调和采暖耗电量指标和节能率指标。

(5)建筑节能设计基本情况表

①应按栋填写节能基本情况表,公共建筑和居住建筑填不同的表格。

②建筑节能设计基本情况表内容填写应与建筑节能计算报告书一致。

(6)冷热负荷计算书

有集中空调系统的居住建筑和公共建筑应提供冷热负荷计算书。

2.3.4 各方主体的职责

(1)重庆市城乡建设主管部门

重庆市城乡建设主管部门负责全市初步设计阶段建筑节能专项审查的监督管理,负责市管建筑工程在初步设计阶段建筑节能专项审查的组织实施,对区县(自治县)城乡建设主管部门组织实施初步设计建筑节能审查工作进行指导。

(2)区县(自治县)城乡建设主管部门

区县(自治县)城乡建设主管部门依照管理权限,负责本行政区域内除市管建筑工程外的项目在初步设计阶段建筑节能专项审查工作的组织实施与监督管理。

(3)建设单位

建设单位在申报初步设计审批时,应填写《重庆市初步设计建筑节能申请表》,并申报建筑节能专项审查,经初步设计建筑节能专项审查合格的建设工程项目不得擅自变更。

(4)设计单位

设计单位应按重庆市建筑节能标准及相关规定进行建筑节能设计,并按《重庆市初步设计建筑工程设计文件编制深度规定》要求编制建筑节能设计文件。

(5)施工图审查机构

施工图审查机构进行建筑节能专项审查时,应检查初步设计阶段建筑节能专项审查意见,不合格的不得进行施工图阶段的审查。

2.3.5 涉及的文件、表格

重庆市初步设计建筑节能专项审查申请表

项目名称：_____

申请单位：_____（盖章）

申报时间：_____

重庆市城乡建设委员会制

一、基本信息表

项目名称					
项目地址					
子项目名称					
总建筑面积	居建		万 m²	申报□50%	□65%
	公建		万 m²	申报□50%	□65%
	总计				万 m²
建设单位				传真	
通讯地址				邮编	
负责人		电话		手机	
联系人		电话		手机	
设计单位				传真	
通讯地址				邮编	
负责人		电话		手机	
联系人		电话		手机	

二、初步设计建筑节能设计基本情况汇总表

栋号	建筑类型	建筑面积（m²）	层数	保温形式	保温材料	外窗类型	活动遮阳	备注

注:申报项目各单体均需填写,不够可加页。

填表说明:①建筑类型:居住建筑、公共建筑、综合;

②保温形式:外墙外保温、外墙内保温、内外复合保温、自保温;

③保温材料:胶粉聚苯颗粒保温砂浆、XPS、EPS、无机保温砂浆、其他(填写产品);

④外窗类型:普通金属中空窗、断桥金属中空窗、塑料中空窗、其他(填写产品);

⑤活动遮阳:有、无。

重庆市建设工程初步设计环节补正材料通知书

编号:2011001(示例)

××××××××:

我××于×年×月×日接收办理的×××××××初步设计并联审批申请的协办事项所送的有关材料后,按有关规定进行了审查,发现所送的材料不齐全(不符合法定形式),具体存在如下问题:

1.×××××××;

2.×××××××。

请××××通知申请人将上述材料尽快补正,材料补齐之日起开始计算审批时限。

特此通知。

×××××××××

二〇一×年 × 月 × 日

主办部门签收人: 签收日期: 年 月 日

重庆市建筑节能设计自审意见书

（设计院）自审（×年）（×号）

工程名称	
建筑专业	意见： 签名： 年 月 日
暖通专业	意见： 签名： 年 月 日
电气专业	意见： 签名： 年 月 日
给排水专业	意见： 签名： 年 月 日
自审机构负责人	意见： 签名： 年 月 日

表2.4 节能50%设计基本情况表(居住建筑)

设计单位:(章)   共   页,第   页

工程名称						计算软件		
子项名称						建筑形状	□点式	□条式
建筑外表面积 F_0(m²)			建筑物体积 V_0(m³)		体形系数 $S = F_0/V_0$		建筑朝向	

施工图设计执行重庆市《居住建筑节能50%设计标准》	规定性指标	围护结构传热系数 K [W/(m²·K)] 及热惰性指标 D	体形系数 ≤0.4	项 目		限 值	设计计算值
				外墙平均传热系数及平均热惰性指标		$K \leq 1.5$ $D \geq 2.5$	
						$K \leq 1.0$ $D < 2.5$	
				屋面		$K \leq 1.0$ $D \geq 2.5$	
						$K \leq 0.8$ $D < 2.5$	
				分户墙		$K \leq 2.0$	
				底部接触室外空气架空楼板或外挑楼板		$K \leq 1.5$	
				户门、分户楼板		$K \leq 2.5$	
				外窗	窗墙面积比≤0.25	$K \leq 4.0$	
					0.25 <窗墙面积比≤0.30	$K \leq 3.4$	
					0.30 <窗墙面积比≤0.35	$K \leq 3.2$	
					0.35 <窗墙面积比≤0.40	$K \leq 2.8$	
					0.40 <窗墙面积比≤0.50	$K \leq 2.5$	
			体形系数 >0.4	外墙平均传热系数及平均热惰性指标		$K \leq 1.3$ $D \geq 2.5$	
						$K \leq 0.8$ $D < 2.5$	
				屋面		$K \leq 0.8$ $D \geq 2.5$	
						$K \leq 0.6$ $D < 2.5$	
				分户墙		$K \leq 2.0$	
				底部接触室外空气架空楼板或外挑楼板		$K \leq 1.5$	
				户门、分户楼板		$K \leq 2.5$	
				外窗	窗墙面积比≤0.25	$K \leq 3.4$	
					0.25 <窗墙面积比≤0.30	$K \leq 3.2$	
					0.30 <窗墙面积比≤0.35	$K \leq 2.8$	
					0.35 <窗墙面积比≤0.40	$K \leq 2.5$	
					0.40 <窗墙面积比≤0.50	$K \leq 2.3$	
	综合性能指标	建筑物全年耗电量 (kW·h/m²)	参照建筑	设计建筑			

主要 节能措施	屋面主要保温材料 及厚度	材料		厚度 （mm）		保温形式	
	外墙主要保温材料 及厚度	材料		厚度 （mm）		保温形式	
	楼地面主要保温材料 及厚度	材料		厚度 （mm）		保温形式	
	分户墙主要保温材料 及厚度	材料		厚度 （mm）		保温形式	
	窗玻璃材料	中空 □	双玻 □	Low-E □	中空空气层 （mm）	>6□　>9□　>12□ >15□　>20□	
	窗框材料						

采暖空调系统选用设备形式 及要求的制冷能效比	

结论(是否 符合标准)	体形 系数	屋面	外墙	外窗	分户墙	楼板	架空 楼板	户门	综合 指标
	是□ 否□	是□ 否□	是□ 否□	是□ 否□	是□ 否□	是□ 否□	是□ 否□	是□ 否□	是□ 否□

符合要求,设计单位自审机构负责人签字:

填写说明:①本表一式四份;

②情况不同的子项应分别填写,情况相同的可合并填写;

③根据子项的体形系数对应填写围护结构传热系数 K 值及热惰性指标 D 值,其余的体形系数及对应项可删除。

表2.5 节能65%设计基本情况表(居住建筑)

设计单位:(章)　　　　　　　　　　　　　　　　　　　共　　页,第　　页

工程名称						计算软件	
子项名称						建筑形状	□点式　　□条式
建筑外表面积 F_0(m^2)		建筑物体积 V_0(m^3)		体形系数 $S=F_0/V_0$		建筑朝向	

				项　目		限　值	设计计算值
施工图设计执行重庆市《居住建筑节能65%设计标准》	规定性指标	围护结构传热系数 K[W/(m^2·K)]及热惰性指标 D	体形系数 ≤0.4	外墙平均传热系数及平均热惰性指标		$K≤1.2$　$D≥2.5$	
						$K≤0.8$　$D<2.5$	
				屋面		$K≤0.8$　$D≥2.5$	
						$K≤0.6$　$D<2.5$	
				分户墙		$K≤2.0$	
				底部接触室外空气架空楼板或外挑楼板		$K≤1.2$	
				户门、分户楼板		$K≤2.5$	
				外窗	窗墙面积比≤0.25	$K≤3.4$	
					0.25<窗墙面积比≤0.30	$K≤3.2$	
					0.30<窗墙面积比≤0.35	$K≤2.8$	
					0.35<窗墙面积比≤0.40	$K≤2.5$	
					0.40<窗墙面积比≤0.50	$K≤2.3$	
			体形系数 >0.4	外墙平均传热系数及平均热惰性指标		$K≤1.0$　$D≥2.5$	
						$K≤0.6$　$D<2.5$	
				屋面		$K≤0.6$　$D≥2.5$	
						$K≤0.5$　$D<2.5$	
				分户墙		$K≤2.0$	
				底部接触室外空气架空楼板或外挑楼板		$K≤1.2$	
				户门、分户楼板		$K≤2.5$	
				外窗	窗墙面积比≤0.25	$K≤3.2$	
					0.25<窗墙面积比≤0.30	$K≤2.8$	
					0.30<窗墙面积比≤0.35	$K≤2.5$	
					0.35<窗墙面积比≤0.40	$K≤2.3$	
					0.40<窗墙面积比≤0.50	$K≤2.2$	
	综合性能指标	建筑物全年耗电量(kW·h/m^2)	参照建筑			设计建筑	

续表

主要 节能措施	屋面主要保温材料 及厚度	材料		厚度 （mm）		保温形式	
	外墙主要保温材料 及厚度	材料		厚度 （mm）		保温形式	
	楼地面主要保温材料 及厚度	材料		厚度 （mm）		保温形式	
	分户墙主要保温材料 及厚度	材料		厚度 （mm）		保温形式	
	窗玻璃材料	中空 □	双玻 □	Low-E □	中空空气层 （mm）	>6□　>9□　>12□ >15□　>20□	
	窗框材料						

采暖空调系统选用设备形式 及要求的制冷能效比	

结论(是否 符合标准)	体形 系数	屋面	外墙	外窗	分户墙	楼板	架空 楼板	户门	综合 指标
	是□ 否□	是□ 否□	是□ 否□	是□ 否□	是□ 否□	是□ 否□	是□ 否□	是□ 否□	是□ 否□

符合要求,设计单位自审机构负责人签字:	

填写说明:①本表一式四份;

②情况不同的子项应分别填写,情况相同的可合并填写;

③根据子项的体形系数对应填写围护结构传热系数 K 值及热惰性指标 D 值,其余的体形系数及对应项可删除。

表2.6 节能设计基本情况表(公共建筑)

设计单位:(章) 　　　　　　　　　　　　　　　　　　　共　　　　页,第　　　　页

工程名称									计算软件			
子项名称									建筑形状	点式建筑□		条式建筑□
建筑类型					是否集中空调		是□　否□		建筑朝向			

施工图设计执行《公共建筑节能设计标准》	规定性指标	围护结构传热系数 K [W/(m²·K)]及遮阳系数 SC		项 目			限 值		设计计算值		
				屋面			$K \leqslant 0.7$				
				外墙平均传热系数(包括非透明幕墙)			$K \leqslant 1.0$				
				底面接触室外空气的架空或外挑楼板			$K \leqslant 1.0$				
				地面热阻			$R \geqslant 1.2$				
				外窗	外墙朝向	设计窗墙面积比(计算值)	设计选用传热系数	设计选用遮阳系数(东、南、西、北向)		限值	
				单一朝向外窗(包括透明幕墙)	东						
					南						
					西						
					北						
				屋顶透明部分							
				玻璃(或其他材料)可见光透射比							
				屋顶总面积		屋顶透明部分面积			比值		

主要节能措施	屋面主要保温材料及厚度		材料		厚度(mm)			保温形式			
	外墙主要保温材料及厚度		材料		厚度(mm)			保温形式			
	地面主要保温材料及厚度		材料		厚度(mm)			保温形式			
	窗玻璃材料		中空□	双玻□	Low-E□		中空空气层(mm)	>6□　>9□　>12□ >15□　>20□			
	窗框材料										

采暖空调系统选用设备形式及要求的制冷能效比											
综合性能指标	建筑物全年耗电量(kW·h/m²)	夏季制冷限值				实际结果(计算值)					
		冬季采暖限值									

结论(是否符合标准)	屋面	外墙	地面	外窗	屋顶透明部分	玻璃可见光透射比	权衡判断	综合指标
	是□ 否□	是□ 否□	是□ 否□	是□ 否□	是□ 否□	是□ 否□	是□ 否□	是□ 否□

符合要求,设计单位自审机构负责人签字:

填写说明:子项情况不同的应分别填写,情况相同的可合并填写;本表一式四份。

表2.7 建筑节能初步设计专项审查意见表

项目编号： - -　　　　　　　　　　　　　　　流水号:20110105B(示例)

项目名称				第二次审查	
项目地址				接件日期	
子项目		——		资料补齐日期	——
建筑类型及适用标准	□居住建筑	重庆市《居住建筑节能65%设计标准》(DBJ 50—071—2010)(示例)	建筑面积		m²
	□公共建筑	重庆市《公共建筑节能设计标准》(DBJ 50—052—2006)(示例)			
建设单位					
设计单位			自审单位		
审查内容或意见					
1	设计图说及节能专篇(包括设计深度、建筑节能专篇)				
2	节能设计模型(包括模型是否齐全完整,与规范的一致性,与设计图说和专篇的一致性)				
3	节能计算报告书(包括计算书是否齐全,与规范的一致性,与模型和图说、专篇的一致性)				

续表

4	技术措施可操作性	
5	建筑设备	
6	其他	
委托从事技术审查机构意见	□建议不同意通过建筑节能专项设计审查。 □建议同意通过建筑节能专项设计审查。 □建议同意通过建筑节能专项设计审查。但应对上述问题进行修改、完善,保证施工图设计文件符合建筑节能设计标准要求。 （签章）　　年　月　日	
城乡建设主管部门意见	（签章）　　年　月　日	

备注:重新报审时应提供完整的建筑节能设计资料:①重庆市建筑节能设计自审意见书(加盖自审专用章);②初步设计说明;③设计图(电子版);④节能计算报告书(盖章件);⑤建筑节能设计模型(电子版)。

表2.8 初步设计建筑节能专项审查项目信息统计表

项目编号	审查次数	项目地址	建设单位	设计单位	接件时间	补件齐时时间	送件时间	建筑类型	居住建筑			公共建筑			总面积	计算软件	体形系数	窗墙比				屋面主要材料及厚度	外墙主要做法 保温材料及厚度	分户楼板材料及厚度	外窗				结果	审查人员	复核人员
									执行标准	栋数	面积	执行标准	栋数	面积				东	南	西	北				型材类型	玻璃类型	遮阳系数	K 值			
编号 1																															
编号 2																															

2.4 施工图设计阶段建筑节能管理

2.4.1 管理的目的和依据

为强化对施工图设计阶段建筑节能的管理,《重庆市建筑节能条例》第十三条规定:"建筑工程项目的施工图设计应当符合建筑节能强制性标准要求。施工图设计阶段应当落实初步设计审批意见和建筑节能强制性标准规定的技术措施。不符合建筑节能强制性标准的,市和区县(自治县)建设行政主管部门不得颁发施工许可证。"《房屋建筑和市政基础设施工程施工图设计文件审查管理办法》(建设部第 134 号令)、《民用建筑节能管理规定》(建设部第 143 号令),也对施工图设计阶段建筑节能的监管作出了规定,对此重庆市实施了施工图设计阶段建筑节能专项备案及抽查制度。

2.4.2 管理流程

所有建筑工程项目在施工图审查合格后均应到城乡建设主管部门备案。城乡建设主管部门对备案项目进行建筑节能专项抽查。对于抽查不合格的项目通知建设单位予以整改,合格后重新备案。施工图设计阶段建筑节能管理流程如图 2.4 所示。

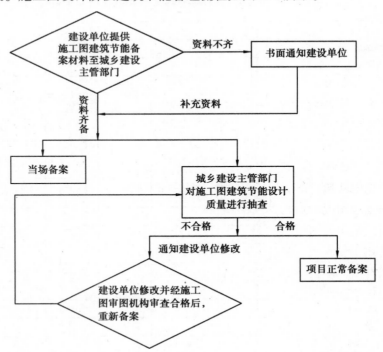

图 2.4 施工图设计阶段建筑节能管理流程

2.4.3 管理的内容和方法

1)申报资料

①施工图审查备案登记表。

②审查合格书、送审表(建筑工程含附表二)、审查结果表(建筑工程含附表二)、审查意见书、审查记录表节能专篇、意见反馈单节能专篇。

③附图(全套施工图电子文件)。

④建筑节能设计模型(电子件)。

⑤建筑节能计算报告书(盖章件)。

2)申报资料格式

备案登记表、审查合格书及送审表、审查结果表、审查意见书、审查记录表、意见反馈单均应采用《重庆市房屋建筑和市政基础设施工程施工图设计文件审查管理办法》规定格式。备案登记表、送审表可在重庆市城乡建设委员会政务办理中心领取或在"重庆市建设工程信息网"(网址 http://www.cqjsxx.com)下载。审查合格书及其他各表由施工图审查机构提供。

以上合格书和各表均应按要求签章并提供原件。

3)审查要点

重点抽查大型公共建筑、大型住宅小区、公租房等项目。

(1)重庆市民用建筑节能设计审查备案登记表

应按栋填写节能基本情况表,公共建筑和居住建筑分别填写,具体表格详见表2.9~2.11)。

(2)建筑设计图说

①建筑设计说明中应有独立的建筑节能专篇,且包含以下内容:

a.建筑节能设计执行的主要法规和采用的主要标准(包括标准的名称、编号、年号);

b.项目的基本情况(地区、建筑类型);

c.概述围护结构各部位(屋顶、外墙、冷热桥、外门窗、分户墙、楼板、底部自然通风架空楼板、户门)选用的材料;

d.各保温材料的主要热工参数(密度、导热系数、蓄热系数及相应的修正系数);

e.外窗型材类型及热工参数;

f.玻璃类型及构造;

g.项目满足节能标准采用规定性指标或权衡判断,节能率指标;

h.说明总平面设计如何因地制宜,合理布局,有利于节能要求的情况。

②总平面图:

a.总平面图中应准确表达建筑物的主要朝向及建筑物外轮廓线,标明设计建筑物所在地的风玫瑰图;

b. 总平面图中应准确表达建筑场地中的硬化地面、水域及绿化率。

③平面图：

a. 平面图所绘门、窗、幕墙、遮阳构件等，应与建筑节能设计说明书和计算书保持一致。当采用分散式空调时，应绘出空调室外机或窗机位置。

b. 平面图中应通过门窗编号、幕墙编号加洞口尺寸或采用门窗、幕墙表直观反映门窗、幕墙洞口尺寸。

④立面图：立面图中所绘门、窗、幕墙、遮阳构件等，应与建筑节能设计说明书和计算书保持一致。

⑤剖面图：剖面图中所绘门、窗、幕墙、屋顶透明部分等，应与建筑节能设计说明书和计算书保持一致。

⑥详图：针对节能措施及技术手段提供必要的节能概念设计(示意)图，如墙体示意图、遮阳示意图、冷热桥部位示意图等。

(3)建筑节能设计模型

①建筑节能设计模型应与设计图说一致。

②每栋单体应提供一个建筑节能设计模型(对于建筑外形、结构、朝向、楼层数、户型、材料、设备及使用功能等完全相同的建筑，可不重复进行计算)。

③朝向、地址、执行标准等基本参数设置应正确。

④围护结构设置(包括建筑形态、剪力墙的设置、内部分隔、架空楼板、冷热桥的设置等)与设计图应一致。

⑤房间类型设置与设计图应一致。

⑥外窗大小与设计图应一致(阳台透明部分是否按窗处理，凸窗是否按平窗处理等)。

⑦标准层个数、总层数、层高与设计图应一致。

⑧遮阳的设置与设计图应一致。

⑨外墙、屋顶的太阳辐射吸收率与设计图应一致。

⑩居住建筑分户墙设置与设计图应一致。

⑪坡屋顶设置与设计图应一致。

⑫进行计算，检查计算结果与节能计算报告书应一致。

(4)建筑节能计算报告书

①应有设计、校审人员签字并加盖单位资质证章及注册建筑师执业印章。

②应明确使用的计算软件、版本和编程单位。

③应有主要的建筑节能设计依据。

④应有项目概况(城市、地区、朝向、建筑类型、体形系数、节能计算面积、建筑层数、建筑物高度)。

⑤居住建筑须说明建筑的体形系数。

⑥明确围护结构各部位(屋顶、外墙、冷热桥、外门窗、分户墙、楼板、底部自然通风架空楼板、户门)选用的材料及厚度、构造层次，并计算其传热系数 K 值和热惰性指标 D 值；公共建筑还须说明地面、地下室外墙选用材料及厚度、构造层次，并计算其传热系数 K 值和热惰

性指标 D 值。

⑦应说明各保温材料的密度、导热系数、蓄热系数及相应的修正系数。

⑧应计算建筑外窗(包括透明幕墙)窗墙面积比。当窗(包括透明幕墙)墙面积比小于 0.4 时,公共建筑应说明所选窗玻璃(包括透明材料)的可见光透射比及可开启面积比。

⑨应提供外窗玻璃(包括透明幕墙)自遮阳系数、空气层厚度、综合遮阳系数、气密性等级、窗框面积比、采用外遮阳措施。

⑩明确项目满足节能标准采用规定性指标或权衡判断。

⑪应有全年空调和采暖耗电量指标和节能率指标。

(5)施工图审查合格书

①应有施工图设计文件审查合格书(节能专篇)。

②施工图设计文件审查合格书(节能专篇)中应包含审查记录表和反馈意见表。

2.4.4 各方主体的职责

(1)重庆市城乡建设主管部门

重庆市城乡建设主管部门负责全市施工图设计审查及备案阶段建筑节能专项备案的监督管理,对区县(自治县)城乡建设主管部门组织施工图设计审查及备案阶段建筑节能专项备案工作进行指导。

(2)区县(自治县)城乡建设主管部门

区县(自治县)城乡建设主管部门依照管理权限,负责本行政区域内除市管建筑工程外的项目在施工图设计审查及备案阶段建筑节能专项备案工作的组织实施与监督管理。不符合建筑节能强制性标准的不得颁发施工许可证。

(3)建设单位

建设单位应在建筑工程项目施工图审查合格后向城乡建设主管部门申请其施工图设计建筑节能专项备案,并对备案资料的真实性负责。

(4)设计单位

设计单位应当在施工图设计阶段落实初步设计审批意见和建筑节能强制性标准规定的技术措施,按照《建筑工程设计文件编制深度规定(2008 年版)》及相关标准的要求编制施工图设计文件。

(5)施工图审查机构

施工图审查机构在进行施工图设计文件审查时,应当审查节能设计的内容,在审查报告中单列节能审查章节。不符合建筑节能强制性标准的,施工图设计文件审查结论应当定为不合格。

2.4.5 涉及的文件、表格

表2.9 重庆市民用建筑节能设计审查备案登记表
(居住建筑节能50%设计)

20 年 月 日

工程名称					
工程地址				负责人	联系电话
建设单位	(盖章)				
设计单位					
施工图审查机构					
建筑面积				建筑形状	点式建筑 □ 条式建筑 □
建筑外表面积 F_0(m²)		建筑物体积 V_0(m³)		体形系数 $S=V_0/F_0$	建筑朝向

				项　目	限　值	设计计算值
施工图设计执行《重庆市居住建筑节能50%设计标准》	规定性指标	围护结构传热系数 K [W/(m²·K)]及热惰性指标 D	体形系数≤0.4	外墙平均传热系数及平均热惰性指标	$K≤1.5$　$D≥2.5$	
					$K≤1.0$　$D<2.5$	
				屋面	$K≤1.0$　$D≥2.5$	
					$K≤0.8$　$D<2.5$	
				分户墙	$K≤2.0$	
				底部接触室外空气架空楼板或外挑楼板	$K≤1.5$	
				户门、分户楼板	$K≤2.5$	
			体形系数>0.4	外墙平均传热系数及平均热惰性指标	$K≤1.3$　$D≥2.5$	
					$K≤0.8$　$D<2.5$	
				屋面	$K≤0.8$　$D≥2.5$	
					$K≤0.6$　$D<2.5$	
				分户墙	$K≤2.0$	
				底部接触室外空气架空楼板或外挑楼板	$K≤1.5$	
				户门、分户楼板	$K≤2.5$	
		不同朝向、窗墙面积比的外窗传热系数		项目	设计窗墙面积比(计算值)	设计选用传热系数	遮阳形式
				东			
				南			
				西			
				北			
	综合性能指标	建筑物全年耗电量(kW·h/m²)		参照建筑		设计建筑	

续表

主要节能措施	屋面主要材料及厚度				保温形式	
	外墙主要材料及厚度				保温形式	
	楼地面主要材料及厚度					
	分户墙主要材料及厚度					
	窗玻璃材料	中空 □	双玻 □	Low-E □	中空空气层（mm）	>6□ >9□ >12□ >15□ >20□
	窗框材料					
采暖空调系统选用设备形式及要求的制冷能效比						

结论	体形系数	屋面	外墙	外窗	分户墙	楼板	架空楼板	户门	综合指标
是否符合标准	是□否□	是□否□	是□否□	是□否□	是□否□	是□否□	是□否□	是□否□	是□否□

注:本表一式三份,建设单位、设计审查备案单位、建筑节能管理机构各一份,不够可加页;
　　规定性指标达到标准要求可不计算建筑物全年耗电量。

表2.10　重庆市民用建筑节能设计审查备案登记表
（居住建筑节能65%设计）

20　　年　　月　　日

工程名称					
工程地址			负责人	联系电话	
建设单位	（盖章）				
设计单位					
施工图审查机构					
建筑面积			建筑形状	点式建筑　□ 条式建筑　□	
建筑外表 面积 F_0（m²）	建筑物体积 V_0（m³）		体形系数 $S = V_0/F_0$	建筑 朝向	

施工图设计执行《重庆市居住建筑节能65%设计标准》	规定性指标	围护结构传热系数 K [W/（m²·K）] 及热惰性指标 D	体形系数 ≤0.4	项目	限值	设计计算值
				外墙平均传热系数及平均热惰性指标	$K≤1.2$　$D≥2.5$ $K≤0.8$　$D<2.5$	
				屋面	$K≤0.8$　$D≥2.5$ $K≤0.6$　$D<2.5$	
				分户墙	$K≤2.0$	
				底部接触室外空气架空楼板或外挑楼板	$K≤1.2$	
				户门、分户楼板	$K≤2.5$	
			体形系数 >0.4	外墙平均传热系数及平均热惰性指标	$K≤1.0$　$D≥2.5$ $K≤0.6$　$D<2.5$	
				屋面	$K≤0.6$　$D≥2.5$ $K≤0.5$　$D<2.5$	
				分户墙	$K≤2.0$	
				底部接触室外空气架空楼板或外挑楼板	$K≤1.2$	
				户门、分户楼板	$K≤2.5$	
		不同朝向、窗墙面积比的外窗传热系数		项目	设计窗墙面积比（计算值）	设计选用传热系数	遮阳形式
				东			
				南			
				西			
				北			
	综合性能指标	建筑物全年耗电量（kW·h/m²）		参照建筑		设计建筑	

续表

主要 节能 措施	屋面主要材料 及厚度				保温 形式	
	外墙主要材料 及厚度				保温 形式	
	楼地面主要材料 及厚度					
	分户墙主要材料 及厚度					
	窗玻璃材料	中空 □	双玻 □	Low-E □	中空空气层 （mm）	>6□ >9□ >12□ >15□ >20□
	窗框材料					

采暖空调系统选用设备形式 及要求的制冷能效比	

结论	体形 系数	屋面	外墙	外窗	分户墙	楼板	架空 楼板	户门	综合 指标
是否符 合标准	是□ 否□	是□ 否□	是□ 否□	是□ 否□	是□ 否□	是□ 否□	是□ 否□	是□ 否□	是□ 否□

注:本表一式三份,建设单位、设计审查备案单位、建筑节能管理机构各一份,不够可加页;
   规定性指标达到标准要求可不计算建筑物全年耗电量。

表2.11 重庆市民用建筑节能设计审查备案登记表

（公共建筑）

20 年 月 日

工程名称						
工程地址				负责人	联系电话	
建设单位	（盖章）					
设计单位						
施工图审查机构						
建筑面积				建筑形状	点式建筑 □ 条式建筑 □	
建筑外表面积 $F_0(m^2)$		建筑物体积 $V_0(m^3)$		体形系数 $S = V_0/F_0$	建筑朝向	

施工图设计执行《公共建筑节能设计标准》	规定性指标	围护结构传热系数 K $[W/(m^2 \cdot K)]$ 及热惰性指标 D	项 目		限 值	设计计算值
			外墙平均传热系数及平均热惰性指标		$K \leqslant 1.5$ $D \geqslant 3.0$ $K \leqslant 1.0$ $D \geqslant 2.5$	
			屋面		$K \leqslant 1.0$ $D \geqslant 3.0$ $K \leqslant 0.8$ $D \geqslant 2.5$	
			分户墙		$K \leqslant 2.0$	
			底部自然通风的架空楼板		$K \leqslant 1.5$	
			楼板		$K \leqslant 2.0$	
			户门		$K \leqslant 3.0$	
		不同朝向、窗墙面积比的外窗传热系数	项目	设计窗墙面积比（计算值）	设计选用传热系数	遮阳形式
			东			
			南			
			西			
			北			
	综合性能指标	建筑物全年耗电量(kW·h/m²)	限值		实际结果（计算值）	

38

续表

主要 节能措施	屋面主要材料 及厚度						保温 形式		
	外墙主要材料 及厚度						保温 形式		
	楼地面主要材料 及厚度								
	分户墙主要材料 及厚度								
	窗玻璃材料	中空 □	双玻 □	Low-E □	中空空气层 （mm）	>6□　>9□　>12□ >15□　>20□			
	窗框材料								
采暖空调系统选用设备形式 及要求的制冷能效比									
结论	体形 系数	屋面	外墙	外窗	分户墙	楼板	架空 楼板	户门	综合 指标
是否符 合标准	是□ 否□	是□ 否□	是□ 否□	是□ 否□	是□ 否□	是□ 否□	是□ 否□	是□ 否□	是□ 否□

注:本表一式三份,建设单位、设计审查备案单位、建筑节能管理机构各一份,不够可加页;
　　规定性指标达到标准要求可不计算建筑物全年耗电量。

2.5 建筑节能设计自审管理

2.5.1 管理目的和依据

为加强建筑节能设计质量管理,进一步提高建筑节能工程设计质量,根据重庆市城乡建设委员会《关于建立建筑节能设计质量自审责任制的通知》(渝建〔2010〕160号),设计单位内部须设立建筑节能设计自审机构,对本单位建筑节能工程设计质量进行内部审核。

2.5.2 管理要求

①凡承接重庆市建筑节能设计工程项目的设计单位(市外设计单位须取得《市外勘察设计企业入渝备案登记证》)应成立建筑节能设计自审机构。对设立的自审机构符合要求的,由该单位按统一格式刻制"建筑节能设计自审专用章"(格式见图2.5)报重庆市城乡建设主管部门备案。

印章实际刻制尺寸:70 mm×35 mm

图2.5 建筑节能设计自审专用章放大说明图

②自审机构对本单位的建筑节能设计质量负责,自审机构负责人应由设计单位的技术负责人担任;成员应由建筑、暖通、电气、给排水等专业(各专业不少于1名)设计人员组成,其成员具有建筑工程类中级及以上职称,且通过市城乡建设委员会组织的建筑节能技术水平测试(市外设计单位自审机构成员还应是按照《重庆市市外勘察设计企业入渝备案管理暂行办法》通过入渝备案的人员)。自审机构成员每年参加建筑节能继续教育培训应不少于1次。各单位自审机构人员名单原则上每年一次报市城乡建设主管部门备案。

③对因未能及时参加市城乡建设主管部门组织的建筑节能技术水平测试而暂不满足备案要求的市外设计单位,其单一项目建筑节能设计自审工作按下列规定执行:

a.在重庆市城乡建设主管部门组织下次建筑节能技术水平测试前,可就单一项目填写《建筑节能设计自审工作申请表》(见表2.12),提供《市外勘察设计企业入渝备案登记证》

复印件、相应人员身份证复印件等资料,并登录重庆市城乡建委网站→网上办事→市建筑节能设计自审机构系统填报该项目的基本信息,向重庆市城乡建设主管部门申请开展该项目的建筑节能设计自审工作。

b. 经审核,除不满足"通过重庆市城乡建委组织的建筑节能技术水平测试"此项条件外,符合其他要求的,予以通过此单一项目建筑节能设计自审工作申请。相应项目自审信息可在"市建筑节能设计自审机构系统"中查询。

④自审机构应严格按照《重庆市建筑工程初步设计文件编制技术规定》《重庆市民用建筑节能设计施工图审查要点》(试行)的相关要求审核建筑节能设计图说,经审核合格的,填写《重庆市建筑节能设计自审意见书》(见2.3.5节),并加盖"建筑节能设计自审专用章"(通过单一项目建筑节能设计自审工作申请的市外设计单位,加盖单位公章)。

表2.12　建筑节能设计自审工作申请表

申请单位:＿＿＿＿＿＿＿＿＿＿＿＿＿＿＿＿＿＿＿＿＿(盖章)　申请时间:　　年　月　日

项目名称						
项目地址						
子项目名称				总建筑面积	居住	m²
					公建	m²
					总计	m²
预计项目设计完成时间						
设计单位	名称					
	地址					
	联系人			联系电话		
	在渝承接勘察设计业务范围					
	入渝备案有效期		年　　月　　日至		年　　月　　日	
承担建筑节能设计自审工作成员名单						
	姓名	职务/职称		身份证号码		
技术负责人						
建筑专业						
暖通专业						
电气专业						
给排水专业						

2.5.3 管理内容和方法

(1)初步设计建筑节能专项审查

①城乡建设主管部门进行初步设计建筑节能专项审查时,应要求设计单位提供审核合格的自审意见书。

②自审意见书应加盖"建筑节能设计自审专用章"(通过单一项目建筑节能设计自审工作申请的市外设计单位加盖单位公章)。

③自审机构负责人及承担建筑、暖通、电气、给排水等专业自审的人员应与重庆市城乡建设主管部门备案人员一致。

④各区县(自治县)城乡建设主管部门应于每季度最后一个工作日前,按照《重庆市建筑节能初步设计质量审查情况汇总报表》(见表2.13)的要求,将本季度建筑节能初步设计质量审查情况报送市城乡建设主管部门。由重庆市城乡建设主管部门汇总后,统一向行业通报。

表2.13 重庆市建筑节能初步设计质量审查情况汇总报表

填报单位(公章):

设计单位名称	本季度送审项目数量	一次性通过审查项目数量	经两次审查通过项目数量	经三次审查通过项目数量	经四次审查通过项目数量	经五次及以上审查通过项目数量

填表人: 联系方式: 填表时间: 年 月

(2)施工图审查

①施工图审查机构对建筑节能施工图设计文件进行审查时,应要求设计单位提供审核合格的自审意见书。

②自审意见书应加盖"建筑节能设计自审专用章"(通过单一项目建筑节能设计自审工作申请的市外设计单位加盖单位公章)。

③自审机构负责人及承担建筑、暖通、电气、给排水等专业自审的人员应与重庆市城乡建设主管部门备案人员一致。

④施工图审查机构按季度将审查中发现设计质量差、建筑节能设计存在严重违反强制性标准的情况报送重庆市城乡建设主管部门。由重庆市城乡建设主管部门核实后,统一向行业通报。

(3)监督管理

①重庆市城乡建设主管部门将把设计单位执行国家和本市强制性建筑节能标准情况以及自审机构工作开展情况纳入其评价和年度考核内容,对在建筑节能设计中成绩显著的单位和个人,给予表彰;对存在以下情况之一的设计单位和个人进行通报批评:

a.当季度送审项目10个以上,其中经3次审查未通过建筑节能初步设计审查的项目占项目总数的比例达到或超过30%的;

b.当季度送审项目10个以下,其中经3次审查未通过建筑节能初步设计审查的项目占项目总数的比例达到或超过35%的;

c.单个项目经4次以上(含4次)审查未通过建筑节能初步设计审查的;

d.经核查施工图建筑节能设计质量差、严重违反强制性标准的。

对全年被通报批评3次及以上的设计单位,重庆市城乡建设主管部门将责令其暂停使用"建筑节能设计自审专用章",整改合格后重新启用。

②对通过单一项目建筑节能设计自审工作申请的项目有下列情形之一的,重庆市城乡建设主管部门不再受理该设计单位开展下一项目建筑节能设计自审的申请:

a.经3次审查未通过建筑节能初步设计审查的;

b.经核查施工图建筑节能设计质量差、严重违反强制性标准的。

③对《市外勘察设计企业入渝备案登记证》有效期届满后,未重新取得入渝备案资格或入渝备案资格被重庆市城乡建设主管部门中止的市外设计单位,已成立自审机构的,取消其建筑节能设计自审机构备案资格,同时其"建筑节能设计自审专用章"自动失效。

2.5.4 各方主体的职责

(1)各级城乡建设主管部门

重庆市城乡建设主管部门对各设计单位的自审机构实施日常监督。各级城乡建设主管部门按照建筑工程初步设计审批的管理权限对各设计单位自审机构签发的工程项目建筑节能初步设计质量进行核查,实行量化管理。

(2)设计单位

设计单位须设立建筑节能设计自审机构,对本单位建筑节能工程设计质量进行内部审核,并应在每年的1月份将上一年自审机构年度工作报告和《重庆市建筑节能设计质量自审汇总表》(见表2.14)报重庆市城乡建设主管部门。

(3)施工图审查机构

施工图审查机构负责对各设计单位自审机构签发的工程项目建筑节能施工图设计进行核查。

表 2.14　重庆市建筑节能设计质量自审汇总报表

填报单位(公章)：

项目名称	建设单位	建筑面积（万 m²）	建筑类型及执行标准	设计阶段	自审时间	自审情况

自审机构负责人：　　　　　　　填表人：　　　　　　填表时间：　　　年　　月

2.6　建筑节能设计变更管理

2.6.1　管理的目的和依据

根据《重庆市建设工程勘察设计管理条例》第三十七条规定："任何单位或个人不得擅自修改经审查批准的建设工程勘察、设计文件。确需修改的，应当由原建设工程勘察、设计单位修改，或经其书面同意，由建设单位委托其他具有相应资质等级的建设工程勘察、设计单位修改；重大修改后的勘察、设计文件应当按原审批程序重新审查批准后方可实施。"为加强建筑工程节能设计质量监督与管理，规范施工图审查后的节能设计变更行为，切实贯彻执行工程建设标准强制性条文，重庆城乡建设主管部门结合实际，发布了《关于建筑工程施工图审查后节能设计变更有关问题的通知》(渝建发〔2008〕39 号)，以加强建筑节能设计变更管理。

2.6.2　管理的流程、内容及方法

①建筑节能施工图设计文件一经审查批准，对涉及工程建设标准强制性条文，公共利益、公众安全，建筑物的稳定性和安全性的内容，任何单位和个人均不得擅自修改。

②对确需变更的建筑节能施工图设计文件，凡涉及建筑节能相关工程建设标准强制性条文以及属于建筑节能重大调整范围(见表 2.15)的，均属于重大设计变更，应由建设单位向原施工图审查机构重新报审，并提供下列资料：

a. 建设单位要求修改勘察设计文件的报告；

b. 规划部门批准的建筑总平面图和其他有关批准文件；

c. 设计单位书面说明(内容包含：修改的依据、各专业修改的主要内容、部位和图号等)；

d. 由设计单位出具的修改完成的建筑施工图；

e. 由设计单位出具的修改完成的建筑节能计算报告书；

f. 由设计单位出具的修改完成的建筑节能设计模型；

g. 施工图审查机构认为需要的其他资料。

表 2.15 建筑节能重大调整范围

编 号	内 容	说 明
1	改变建筑物使用功能	
2	改变围护结构保温形式	包括外墙外保温、外墙内保温、外墙自保温等的调整
3	改变保温材料种类	降低热工性能的调整
4	改变保温材料厚度	降低热工性能的调整(包括自保温砌体厚度)
5	改变外门窗、幕墙形式及材料	包括影响外窗热工性能、遮阳效果的调整
6	改变建筑遮阳措施	
7	改变楼地板保温构造措施	包括材料种类、厚度,影响节能保温效果
8	改变采暖及空调系统	包括改变采用集中空气调节系统方案
9	改变照明形式	包括居住建筑公共部分、公共建筑采用的照明灯具、控制方式、照明功率密度

③建筑节能重大设计变更审查合格后,由施工图审查机构出具相应部分《施工图审查报告书》,并在变更的节能设计文件上加盖施工图审查机构的审查专用章。若涉及原审查合格的施工图设计文件需要作废的,建设单位应负责收回。

④属重大变更的,建设单位还应及时将审查合格后的建筑节能施工图设计变更文件和审查合格书,报具有管辖权限的城乡建设主管部门备案,同意后方可组织实施。

⑤一般性的勘察设计变更由原勘察设计单位出具正常变更手续,并对其负责。

⑥建筑节能重大设计变更未经施工图审查机构审查或审查不合格,又擅自施工的,视同施工图设计文件未经审查交付使用,对项目具有管辖权限的城乡建设主管部门按《建设工程质量管理条例》《建设工程勘察设计管理条例》等相关规定对有关单位及个人进行处罚。

2.6.3 各方主体的职责

(1)各级城乡建设主管部门

各级城乡建设主管部门应加强对审查合格后的建筑节能工程施工图设计文件变更及实施情况的监督检查,未经审查合格的建筑节能工程施工图设计变更文件,不得作为建筑节能工程竣工验收和建筑能效测评与标识的依据。

(2)建设单位

建设单位不得明示或暗示设计单位变更建筑节能工程施工图设计文件以降低建筑节能设计标准要求。

(3)设计单位

设计单位不得出具虚假的建筑节能工程施工图设计变更文件,不得出具"阴阳"施工图。

(4)施工图审查机构

施工图审查机构应严格按照国家和重庆市现行建筑节能强制性标准进行审查,对不符合建筑节能强制性标准的设计变更,不得出具审查合格书。

（5）监理单位

对变更后的设计文件未按要求完善相关手续进行施工的,监理单位有权要求改正,并应及时向工程项目具有管辖权限的城乡建设主管部门报告。

2.7 分部工程验收阶段建筑节能监管

2.7.1 管理的目的和依据

建筑节能分部工程验收是对建筑节能工程完工后其施工质量进行综合评价的重要阶段。各级城乡建设行政主管部门及其委托的建设工程质量监督机构对分部工程验收进行监督,也是对建筑节能工程质量实施监督的最后一道关口。为了加强对竣工验收阶段的监督管理,《民用建筑节能条例》第十七条规定:"建设单位组织竣工验收,应当对民用建筑是否符合民用建筑节能强制性标准进行查验,对不符合民用建筑节能强制性标准的,不得出具竣工验收合格报告。"《重庆市建筑节能条例》第十七条规定:"建设工程质量监督机构在提交建设工程质量监督报告中,应当有建筑节能的专项监督意见。"《建筑节能工程施工质量验收规范》(GB 50411—2007)第 15 章对建筑节能分部工程质量验收应具备的条件和工作内容作出了详细规定。《民用建筑节能工程质量监督工作导则》(建质〔2008〕19 号)也对建筑节能工程竣工分部质量验收监督作了专门规定。

2.7.2 管理的流程、内容及方法

1）管理流程

根据《民用建筑节能工程质量监督工作导则》(建质〔2008〕19 号)的规定,建筑节能工程竣工分部质量验收监督应分为对工程竣工验收条件的监督检查、对竣工验收过程的监督以及出具工程质量监督报告等环节进行。

2）内容及方法

（1）对工程竣工验收条件的监督检查

建设工程质量监督机构应对建筑节能工程验收前是否满足以下条件进行核查:

①完成工程设计和合同约定的各项内容,且相关节能分部工程检验批、分项工程、子分部工程验收全部合格,施工单位进行自验并出具建筑节能工程分部质量验收报告。

②建筑节能分部工程重点部位的隐蔽验收记录和相关图像资料等质量控制资料已收集完整,并已经监理(建设)单位审查确认。

③围护结构现场实体检验报告及系统节能性能检测报告结果符合设计要求。

④设计单位出具了建筑节能工程质量检查报告,监理单位出具了建筑节能工程质量评估报告。

⑤监督机构责令整改的质量问题已全部整改完毕。

（2）对验收过程的监督检查

①对验收组织形式和人员的要求:竣工验收一般以竣工验收会议和实地查验工程质量的形式进行,建设(监理)单位应在验收前 3 天将验收的时间、地点及参加验收人员名单,书面通

知负责监督该工程的监督机构。总监理工程师(建设单位项目负责人)组织施工单位的项目经理和技术负责人(含总、分包施工单位)及设计单位节能设计负责人等有关人员进行验收。

②建筑节能分部工程验收监督的内容:

a. 验收的组织形式、程序是否符合要求,执行标准是否准确;

b. 对实体质量和质量控制资料进行抽查;

c. 如发现验收中有违法违规行为或违反工程建设标准强制性条文的,责令改正,重新组织验收。

③项目监督负责人应做好分部工程验收监督记录。监督记录应包括下列内容:

a. 对节能工程建设强制性标准执行情况的评价;

b. 对节能工程观感质量检查验收的评价;

c. 对节能工程验收的组织及程序的评价;

d. 对节能工程验收报告的评价。

(3)对建筑节能工程质量监督报告的要求

建筑节能工程质量监督报告是单位工程质量监督报告的组成部分。建筑节能工程质量监督报告应包括以下主要内容:

①节能工程概况。

②对建筑节能施工过程中责任主体和有关机构质量行为及执行工程建设强制性标准的检查情况,包括图纸是否经过审图机构审查和到节能管理部门备案、节能材料进场是否经过复试、节能工程是否有专项施工方案、是否有施工示范样板、是否有节能专项验收等。

③建筑节能工程实体质量监督抽查(包括监督检测)情况,监督机构对涉及建筑节能系统安全、使用功能、关键部位的实体质量或材料进行监督抽测、检测记录。

④建筑节能工程质量技术档案和施工管理资料抽查情况。

⑤建筑节能工程质量问题的整改和质量事故处理情况。

⑥建筑节能施工过程中各方质量责任主体及相关有资格从业人员的不良记录内容。

⑦建筑节能分部工程质量验收监督记录及监督评价和建议。

⑧在单位工程质量监督报告中附加《建筑节能工程质量评价表》,作为节能工程质量监督报告的内容。

2.7.3 各方主体的职责

(1)建设工程质量监督机构

建设工程质量监督机构通过采取抽查参建各方责任主体质量行为、建筑节能工程实体质量以及相关工程质量控制资料的方法,督促建设各方主体履行质量责任。

(2)建设单位

建设单位负责组织建筑节能分部工程竣工验收,协调其他参建各方责任主体做好竣工验收汇报、核查、检查等工作。

(3)设计单位

设计单位按照施工图设计文件和建筑节能有关标准进行验收,建筑节能分部工程验收时应出具建筑节能工程质量检查报告。

(4)施工单位

施工单位负责按照《建筑节能工程施工质量验收规范》(GB 50411—2007)规定做好隐

蔽工程验收,形成文字记录和必要图像资料。在验收时提交建筑节能工程质量验收报告,对验收发现违法违规行为和质量问题及时进行整改。

(5)监理单位

监理单位按规定主持建筑节能检验批、分项工程质量验收。建筑节能分部工程验收时,应出具建筑节能工程质量检查报告。

2.8 建筑能效测评与标识

2.8.1 管理的目的和依据

1)管理的目的

建筑能效测评是按照建筑节能有关标准和技术要求,对建筑采取定性和定量分析相结合的方法,依据设计、施工、建筑节能分部工程验收等资料,经文件核查、软件复核计算及必要的检查和检测,综合评定其建筑能效等级的活动。

建筑能效标识是按照建筑能效测评结果,对建筑物能耗水平,以信息标识的形式进行明示的活动。作为一种新的管理机制和技术手段,目前广泛被国外采用。其目的主要在于4个方面:

一是实现了对建筑节能实施过程的闭合管理。对各个环节贯彻落实建筑节能标准的质量就是通过能效测评标识制度进行最后的评价和检验,确保建筑建成后达到建筑节能的要求。

二是加强了对建设各方主体的制度约束。在项目建设过程中,时有建设、施工单位变更施工图设计文件或者不严格执行施工图设计文件而降低建筑设计质量,规避执行建筑节能强制性标准的情况。通过实施建筑能效测评标识制度,警示建设各方主体在建设过程中必须有效地执行《重庆市建筑节能条例》规定义务和建筑节能强制性标准,起到了质量把关作用。

三是保障了消费者权益。为消费者提供符合建筑节能强制性标准的建筑是开发建设单位的责任和义务。实施建筑能效测评标识制度,为消费者正确识别和选择节能建筑提供了权威公正的信息,反映了不同建筑的差距,提高了市场透明度,有利于引导形成节能建筑的消费需求,促进建立建筑节能的市场机制,推动高能效建筑的发展。

四是为实施建筑节能经济激励政策提供了判定的依据。

2)管理的依据

《重庆市建筑节能条例》第十八条规定:"建筑工程项目竣工后,建设单位应当向建设主管部门申请建筑能效测评。经测评达到建筑节能强制标准要求的,根据测评结果发给相应的建筑能效标识和证书。"第十九条规定:"未经建筑能效测评,或者建筑能效测评不合格的,不得组织竣工验收,不得交付使用,不得办理竣工验收备案手续。"根据法规规定,重庆市城乡建设委员发布了《重庆市建筑能效测评与标识管理办法》《重庆市建筑能效测评与标识技术导则》,明确了重庆市建筑能效测评与标识具体流程、方法、内容等,对本市行政区域内新建居住建筑和公共建筑(包括工业建设项目中具有民用建筑功能的建筑)实施强制性的能效测评与标识,实现了新建建筑节能的闭合管理。

2.8.2　管理流程

重庆市建筑能效测评与标识流程如图2.6所示。

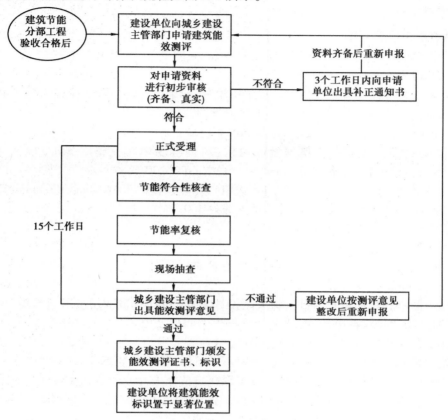

图2.6　重庆市建筑能效测评与标识流程图

①建筑节能分部工程验收合格之后,建筑物竣工验收之前,建设单位应当填写《重庆市建筑能效测评与标识申请表》(见2.8.5节),持有关批准文件,以及设计、施工、监理、用材和其他与能效测评有关的资料向城乡建设主管部门申请建筑能效测评,并对其真实性负责。

②城乡建设主管部门收到申请3个工作日内,对照《重庆市建筑能效测评与标识提交资料检查表》(见表2.16),检查建设单位提供的资料是否齐备。对资料齐备的,从接件之日起计入审批时间,城乡建设主管部门依据《重庆市建筑能效测评与标识技术导则》和相关规定,15个工作日内出具《建筑能效测评综合评价表》(见表2.17),完成建筑能效测评工作;对资料不齐备的,在3个工作日内根据所缺资料签发补正通知书,并一次性告知申请人应补充的资料,补充材料的时间不计入审批时间。

③建筑能效测评合格的,城乡建设主管部门向建设单位发放建筑能效标识和证书;建筑能效测评不合格的,建设单位应整改后重新申请能效测评。

④建筑能效测评的技术审查工作可委托建筑节能管理机构具体实施。

2.8.3 管理的内容和方法

1）申报资料

（1）申请表填写要求

①申报单位。建设单位是能效测评与标识的主体单位，不能由施工单位、设计单位或其他单位代替申报。

②建筑能效测评标识项目情况。按单栋填写，若单栋建筑包含居住建筑与公共建筑，居住建筑（部分）与公共建筑（部分）应分别进行填写。

a."建筑能效测评申请等级"勾选与标准相对应；

b."外围护结构主要节能措施及保温构造"内容要填写完整。例如，外墙：水泥砂浆（30 mm）+聚苯颗粒保温浆料（20 mm）+页岩空心砖（200 mm）+水泥砂浆（30 mm）；外窗：隔热金属型材（6 高透光 Low-E + 12A + 6 透明），传热系数 2.70 W/($m^2 \cdot K$)，自身遮阳系数 0.62，气密性为 6 级，水密性为 3 级，可见光透射比 0.72。

（2）其他资料要求（具体见表 2.16）

①初步设计审批意见复印件。

②《重庆市民用建筑节能设计审查备案登记表》复印件。

③施工许可证复印件。

④施工图审查机构审查通过的施工图设计文件（包括建筑、电气、暖通专业设计图原件及电子件，节能设计模型电子件，节能计算报告书原件及电子件，采用集中空调系统的须提供空调热负荷及逐项、逐时冷负荷计算书原件）。

⑤施工图建筑节能专项审查意见复印件及设计单位的回复资料。

⑥如有建筑节能设计变更，须提供施工图建筑节能工程设计变更文件（包括变更图说原件、建筑节能设计模型电子件、节能计算报告书原件和相应的审查、备案文件复印件）。

⑦竣工图（包括建筑、电气、暖通专业竣工图原件及电子件）。

⑧建筑围护结构、集中空调系统以及配电照明节能工程部分的施工质量检查记录、隐蔽工程验收记录、节能工程检验批及分项工程质量验收记录表、节能分部工程质量验收表。

⑨建筑节能分部工程验收会议纪要及签到记录。

⑩涉及建筑节能相关的设备、材料、产品（部品）合格证复印件、进场复验报告复印件，法定检测机构出具的型式检测报告复印件和备案证明文件。

⑪已由法定检测机构进行了工程围护结构热工性能检测的，应提供检测报告复印件。

⑫如采用暂无国家、行业或重庆市地方应用技术标准依据的建筑节能新技术、新设备、新材料的，须提供其采用情况报告复印件及按照有关规定进行评审、鉴定及备案的相关文件复印件。

2）测评方法

按照《重庆市建筑能效测评与标识管理办法》《重庆市建筑能效测评与标识技术导则》的规定，重庆市建筑能效测评与标识是以单体建筑为对象，在对建筑节能分部工程相关竣工文件资料及报告核查的基础上，结合建筑能耗计算分析结果，综合进行测评。测评分为节能设计符合性核查和节能率复核两个阶段进行。当被测评建筑节能设计符合性核查和节能率复核均符合要求时，判定被测评建筑能效测评合格。居住建筑和公共建筑要分别进行能效测评与标识。对于建筑外形、结构、朝向、楼层数、户型、材料、设备及使用功能等完全相同的建筑,可不重复进行能效测评。

(1)节能设计符合性核查

节能设计符合性核查是将施工实施情况与设计文件(包括设计变更文件)进行核对、确认。按照《重庆市建筑能效测评与标识技术导则》的规定,节能设计符合性核查包括建筑围护结构各分项工程节能设计符合性核查和建筑物用能系统及其设备的节能设计符合性核查。

①建筑围护结构各分项工程节能设计符合性核查内容为:墙体构造;幕墙构造;建筑外窗;屋面构造和楼(地)面构造。

②建筑物用能系统及其设备的节能设计符合性核查内容为:采用集中采暖、空调系统的建筑,冷热源设备的能效比及热效率;监测与控制系统的控制功能及故障报警功能;公共建筑的照明。

具体核查内容及核查判定详见《节能设计符合性核查表》(表2.18)。

(2)节能率复核

节能率复核是采用重庆市城乡建设主管部门认定的建筑节能设计分析软件,对被测评建筑的节能率进行复核。节能率复核所使用的建筑节能设计模型应与竣工文件相符,并由建设单位提供。

建筑节能设计模型与竣工文件相符主要是指:建筑节能设计模型与设计图说、节能计算报告书相符(朝向、围护结构构造、标准层个数、房间类型、层高、总层数、热桥设置、门窗大小等);建筑节能设计模型中所选计算地址正确,所用材料热工参数符合相关标准规范;节能率计算所需数据应按相关标准、规范规定及设计文件取得。若施工实施中采用的材料、部件的导热系数或传热系数进场见证取样检测数据优于建筑节能设计文件所列参数时,以其质量证明文件为准。

若节能率复核结果符合被测评建筑设计所依据的建筑节能设计标准规定的节能率,应判定被测评建筑节能率复核符合要求;若节能率复核结果不符合被测评建筑设计所依据的建筑节能设计标准规定的节能率,应判定被测评建筑节能率复核不符合要求。

具体核查内容及核查判定详见《节能率复核表》(表2.19)。

(3)现场抽查及性能检测

现场抽查及性能检测是建筑能效测评设计性符合的现场核查方式,也是能效测评的资料核查与现场实施一致性核查的重要手段。若现场抽查或性能检测不符合,应判定被测评建筑节能设计符合性核查不符合要求。

具体核查内容及核查判定详见《建筑能效测评现场抽查表》(表2.20)。

(4)测评意见

被测评建筑节能设计符合性核查和节能率复核均符合要求时,判定被测评建筑能效测评合格。被测评建筑节能设计符合性核查(现场抽查为节能设计符合性核查内容)或节能率复核不符合要求时,判定被测评建筑本次能效测评不合格,建设单位应整改后重新申请能效测评。

被测评建筑能效测评结论合格的,城乡建设主管部门应根据测评结果明确其能效标识等级。即当节能率≥70%且节能设计符合性核查符合要求时,标识为Ⅰ级;当65%≤节能率<70%且节能设计符合性核查符合要求时,标识为Ⅱ级;当50%≤节能率<65%且节能设

计符合性核查符合要求时,被测评建筑标识为Ⅲ级。

(5)证书及标识的发放

重庆市建筑能效测评标识由重庆市城乡建设主管部门统一监制,包括证书和标识牌两部分,如图2.7所示。建筑能效测评合格后城乡建设主管部门向建设单位发放建筑能效标识和证书,取得建筑能效标识和证书的,建设单位应按规定将建筑能效标识一一对应置于每栋建筑主入口等显著位置。

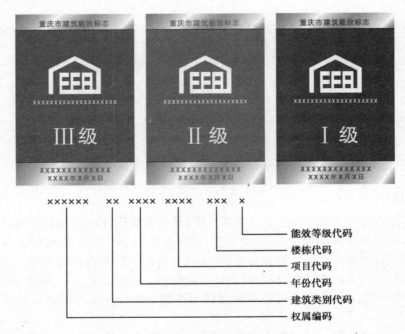

图2.7　重庆市建筑能效标识

注:每份标识都有唯一的标识编码,由权属编码、建筑类别代码、测评标识的年份代码、项目代码、楼栋代码和能效等级代码组成,一共20位数字,市和区县按规定的规则进行编码。

2.8.4　各方主体的职责

(1)重庆市城乡建设主管部门

重庆市城乡建设主管部门负责市管建筑工程的建筑能效测评与标识的组织实施,负责全市建筑能效测评与标识的监督管理,对区县(自治县)城乡建设主管部门组织实施建筑能效测评与标识进行指导。

(2)区县(自治县)建设主管部门

区县(自治县)建设主管部门依照管理权限,负责本行政区域内除市管建筑工程外的建筑能效测评与标识的组织实施与监督管理。

(3)建设单位

建设单位是建筑能效测评与标识的主体责任单位,建筑工程项目建筑节能分部工程验收合格后,建设单位应当向城乡建设主管部门申请建筑能效测评。

2.8.5 涉及的文件、表格

重庆市建筑能效测评与标识申请表

项目名称：_____

申请单位：_____（盖章）

申报时间：_____

重庆市城乡建设委员会制

一、项目基本情况

项目名称				
项目地址				
子项目名称				
总建筑面积	居建		万 m²	
	公建		万 m²	
	总计		万 m²	
建设单位			传真	
通信地址			邮编	
负责人		电话	手机	
联系人		电话	手机	
设计单位			联系电话	
施工图审查机构			联系电话	
施工单位			联系电话	
监理单位			联系电话	

二、建筑能效测评标识项目情况

项目名称(含栋号)				
建筑类型	□新建　　　□改建　　　□扩建　　　　　　（选项打√）			
	□居建　　　□公建　　　□居建、公建均有　　　（选项打√）			
建筑面积	万 m²		层数	
建筑能效测评申请等级	□Ⅰ级　　　　□Ⅱ级　　　　□Ⅲ级　　　（选项打√）			
项目审批及审查时间				
通过初步设计审批时间	年　　　　月　　　　日			
通过施工图设计审查时间	年　　　　月　　　　日			
施工图设计备案时间	年　　　　月　　　　日			
节能分部工程验收合格时间	年　　　　月　　　　日			
备注说明				
外围护结构主要节能措施及保温构造				
外墙				
玻璃幕墙				
外窗				
屋面				
楼地面				

续表

暖通空调	
冷热源设备能效比、热效率及冷热源设备位置	
冷、热量计量装置及设置位置	
监测与控制	
采暖、通风、空调系统及冷热源的主要控制措施	
照明	
各主要功能部位的照明功率密度值	
采用的主要灯具的效率和光源的光效	
各主要功能部位的照明控制措施	

注:①本表按申请能效测评与标识的单栋建筑进行填写;
　　②若单栋建筑包含居住建筑与公共建筑,居住建筑(部分)与公共建筑(部分)应分别进行填写。

三、建筑能效测评与标识意见

建筑能效测评机构意见：

（签章）

年　　月　　日

城乡建设主管部门意见：

（签章）

年　　月　　日

填表说明：

1. 申请书一律采用 A4 规格的纸和 4 号仿宋字体打印，一式四份，若内容填写不完，可加附页；

2. 项目基本情况和申请测评标识项目情况由建设单位负责填写；

3. 表中内容应与实际情况相符；

4. 该表内容必须客观、真实、有效。

表2.16 重庆市建筑能效测评与标识提交资料检查表

重庆市建筑能效测评与标识提交资料检查表				[流水号:			]
项目名称				子项目			
建筑类型及适用标准	□居住建筑 （□50% □65% □70%及以上） □公共建筑 （□50% □65% □70%及以上）			项目编号			
建设单位				送件时间		补齐时间	
项目联系人				联系电话		检查人	

检查内容							
序号	提交资料名称		数量	原件/复印件/电子件	原件查验	检查人	备注
1	重庆市建筑能效测评标识申请表（必须盖有申报单位公章）		一式四份	原件	—		必要
设计资料							
2	初步设计审批意见		一份	复印件	是		必要
3	施工许可证		一份	复印件	—		必要
4	施工图设计及审查文件（含设计变更）	建筑专业设计图	一份	原件/电子件	—		必要
5		暖通专业设计图	一份	电子件	—		采用集中空调系统时需要原件
6		给排水专业设计图	一份	电子件	—		必要
7		电气、照明专业设计图	一份	电子件	—		必要
8		建筑节能设计模型	一份	电子件	—		必要
9		节能计算报告书	一份	原件及电子件	—		必要
10		空调热负荷及逐项、逐时冷负荷计算书	一份	原件及电子件	—		采用集中空调系统时必要
11		施工图建筑节能专项审查意见及设计单位的回复资料	一份	复印件	是		必要
12		节能设计变更部分的设计图及说明	一份	复印件	是		有变更时必要
13		节能设计变更后的计算报告书	一份	复印件	是		
14		节能设计变更后的节能设计模型	一份	电子件			
15		节能设计变更审查合格证书	一份	复印件	是		
16		重庆市民用建筑节能设计审查备案登记表	一份	复印件	是		必要

续表

		建筑节能分部工程及竣工的相关核查						
17	建筑节能竣工资料	建筑专业竣工图（竣工签章）	一份	原件及电子件	—			必要
18		暖通专业竣工图（竣工签章）	一份	原件及电子件	—			采用集中空调系统时必要
19		电气、照明专业竣工图	一份	电子件	—			
20		给排水专业竣工图	一份	电子件	—			
21		节能施工变更（包括设计单位的变更确认手续、施工图审查单位的审查及认可手续，如属于建筑节能重大设计变更的还需城乡建设主管部门的备案手续）	一份	原件	—			有节能部分的施工变更时必要
22		节能工程分部工程质量验收表	一份	原件	—			
23		节能分部工程验收会议签收记录及会议纪要报告（须由各方主体签字/盖章）	一份	原件	—			
24	建筑节能分项、分部工程资料	屋面	施工质量检查记录	一份	原件或复印件	是		必要
25			施工隐蔽工程验收记录	一份	原件或复印件	是		必要
26			检验批及分项工程质量验收记录表	一份	原件或复印件	是		必要
27			保温材料合格证及型式检验报告	一份	原件或复印件	是		必要
28			保温材料进场复检报告	一份	原件或复印件	是		必要
29			保温材料燃烧性能质量证明文件	一份	原件或复印件	是		采用有机保温材料时必要
30			保温材料备案证明	一份	打印件	管理系统中核对		必要

续表

31		施工质量检查记录	一份	原件或复印件	是			必要
32		施工隐蔽工程验收记录	一份	原件或复印件	是			必要
33		保温材料检验批及分项工程质量验收记录表	一份	原件或复印件	是			必要
34		保温材料(采用自保温体系包括砌体材料)合格证名及型式检验报告	一份	原件或复印件	是			必要
35		保温材料进场复检报告	一份	原件或复印件	是			必要
36		现场拉拔试验报告(包括保温板材与基层的粘结强度、后置锚固件的锚固力)	一份	原件或复印件	是			外墙使用保温板材时必要
37	墙体	外墙节能构造钻芯检验报告	一份	原件或复印件	是			采用外墙外保温或内保温时必要
38		使用保温浆料时需同条件养护试件见证取样检测报告	一份	原件或复印件	是			外墙采用保温浆料系统时必要
39		对于面砖饰面,提供抗拔试验检测报告	一份	原件或复印件	是			外墙采用面砖时必要
40		保温材料燃烧性能质量证明文件	一份	原件或复印件	是			采用有机保温材料时必要
41		墙体及保温材料备案证明	一份	打印件	管理系统中核对			必要
42		施工质量检查记录	一份	原件或复印件	是			必要
43		施工隐蔽工程验收记录	一份	原件或复印件	是			必要
44		检验批及分项工程质量验收记录表	一份	原件或复印件	是			必要
45		材料合格证及型式检验报告(包括外窗型材和玻璃的相关性能)	一份	原件或复印件	是			必要
46	门、窗	施工进场复检报告(包括见证取样"四性"检测报告)	一份	原件或复印件	是			必要
47		玻璃遮阳系数、可见光透射比、中空玻璃露点的施工进场见证取样检测报告	一份	原件或复印件	是			采用普通白玻时可不提供遮阳系数、可见光透射比的复验报告
48		门窗备案证明	一份	打印件	管理系统中核对			必要

(左侧纵向合并单元格：建筑节能分项、分部工程资料)

49	建筑节能分项、分部工程资料	施工质量检查记录	一份	原件或复印件	是		有楼、地面保温措施时必要
50		施工隐蔽工程验收记录	一份	原件或复印件	是		
51		检验批及分项工程质量验收记录表	一份	原件或复印件	是		
52		保温材料合格证明及型式检验报告	一份	原件或复印件	是		
53		保温材料进场复检报告	一份	原件或复印件	是		
54	楼、地面	保温材料燃烧性能质量证明文件	一份	原件或复印件	是		采用有机保温材料时必要
55		保温材料备案证明	一份	打印件	管理系统中核对		必要
56		施工质量检查记录	一份	原件或复印件	是	有幕墙工程时必要	
57		施工隐蔽工程验收记录	一份	原件或复印件	是		
58		检验批及分项工程质量验收记录表	一份	原件或复印件	是		
59		保温材料合格证明及型式检验报告	一份	原件或复印件	是		有保温材料时必要
60		保温材料进场复检报告	一份	原件或复印件	是		
61	幕墙	保温材料燃烧性能质量证明文件	一份	原件或复印件	是		采用有机保温材料时必要
62		玻璃、型材合格证及型式检验报告	一份	原件或复印件	是		
63		玻璃、型材进场复验报告	一份	原件或复印件	是		
64		遮阳性能的质量证明文件	一份	原件或复印件	是		普通白玻可不提供
65		采用材料备案证明	一份	打印件	管理系统中核对		
66		施工质量检查记录	一份	原件或复印件	是		采用活动遮阳、非建筑物自身构建遮阳的遮阳措施时必要
67		施工隐蔽工程验收记录	一份	原件或复印件	是		
68		检验批及分项工程质量验收记录表	一份	原件或复印件	是		
69	遮阳产品	产品合格证明及型式检验报告	一份	原件或复印件	是		
70		进场复检报告	一份	原件或复印件	是		
71		遮阳产品备案证明	一份	打印件	管理系统中核对		

续表

72	建筑节能分项、分部工程资料	卫生通风	施工质量检查记录	一份	原件或复印件	是			有卫生通风措施时必要
73			施工隐蔽工程验收记录	一份	原件或复印件	是			
74			检验批及分项工程质量验收记录表	一份	原件或复印件	是			
75			产品合格证明及型式检验报告	一份	原件或复印件	是			
76			进场复检报告	一份	原件或复印件	是			
77			卫生通风产品备案证明	一份	打印件	管理系统中核对			
78		用能系统和设备	合格证、型式检验报告	一份	原件或复印件	是			采用集中空调系统时必要
79			进场复验报告（包括风机盘管及绝热材料）	一份	原件或复印件	是			
80			采暖空调系统运行调试报告	一份	原件或复印件	是			
81		配电与照明工程	低压配电系统选用的电缆其截面、每芯导体电阻值进场复检报告	一份	原件或复印件	是			必要
82									
83	法定检测机构出具的工程围护结构热工性能检测报告			一份	复印件	是			国家及示范工程、国家及政府投资工程时提供
84	采用建筑节能新技术、新设备、新材料		情况报告	一份	复印件	是			如采用暂无国家、行业或本市地方应用技术标准依据的建筑节能新技术、新设备、新材料时应提供
85			评审、鉴定、备案的有关文件	一份	复印件	是			
接件人						正式受理时间			

注：1.建筑能效测评标识申请表应附电子文件；资料中申请单位和证明材料公章均应为鲜章；

2.所报资料为复印件的，需提供原件查验，且复印件应加盖建设单位公章。

表2.17 建筑能效测评与标识综合评价表

项目名称				栋号	
建筑面积/层数				建筑类型	
建设单位				设计单位	
施工单位				监理单位	

核查内容			
节能设计符合性核查	围护结构	墙体	
		幕墙	
		门窗	
		屋面	
		地面	
	暖通空调系统	冷热源设备能效比及热效率	
		温度控制及冷、热量计量	
	照明	照明功率密度值	
		照明光源、灯具	
		照明控制方式	
	监测与控制	采暖、通风、空调系统及冷热源的监测与控制	
节能率复核	□	节能率<50%	
	□	50%≤节能率<65%	
	□	65%≤节能率<70%	
	□	节能率≥70%	

可再生能源利用情况	

能效测评与标识意见： □1.按照《重庆市建筑能效测评与标识技术导则》的规定进行能效测评,该单体建筑通过能效测评,标识等级为 □Ⅰ级 □Ⅱ级 □Ⅲ级。 □2.按照《重庆市建筑能效测评与标识技术导则》的规定进行能效测评,该单体建筑未通过能效测评。 建筑节能管理机构 （盖章） 年 月 日	建设行政主管部门意见： （盖章） 年 月 日

表 2.18 节能设计符合性核查表

节能设计符合性核查表

项目名称		子项目	
建筑类型及适用标准	居住建筑 □50% □65% □70% 及以上 公共建筑 □50% □65% □70% 及以上		
建设单位			
项目联系人		联系电话	
核查项目	核查内容		核查判定
设计阶段	初步设计审批意见	初步设计审批是重庆市建筑节能监管的重要环节，在能效测评阶段，初步设计批复作为该项目执行建筑节能标准的管理依据，也是判断能效测评等级的依据。	
		1. 该建设工程项目应包含在初步设计批复范围之内，名称应与《重庆市建筑能效测评与标识申请书》一致，如有项目名称变更，应有相关文件证明与其原名是同一项目。如不一致按"节能设计符合性核查不符合"退回重新申报。	□符合 □不符合
		2. 申请能效测评项目应与初步设计批复中执行建筑节能标准一致，且应与申报能效测评等级相对应。如不一致按"节能设计符合性核查不符合"评价。	□符合 □不符合
		3. 如建设工程项目在实施过程中发生变更，重新进行初步设计审查及批复的，以最后一次初步设计审查及批复为准。如不符合上述要求按"节能设计符合性核查不符合"退回重新申报。	□符合 □不符合
备注			

施工图设计文件及相关资料在能效测评阶段是作为判断设计单位、施工图审查机构是否履行自身职责的依据以及查验是否发生设计变更的依据，通过与竣工资料比较判断是否发生变更，如发生变更应有相关设计变更证明文件。

设计阶段	施工图设计文件（含设计变更）		
	1. 各专业设计图纸、计算报告书及相关资料原件是否有设计单位、施工图审查单位的签章。 如无相应的签章或签章有误，按"节能设计符合性核查不符合"退回重新申报。	□符合 □不符合	
	2. 是否存在设计变更，如有设计变更应有变更的设计资料、变更手续及相关资料（包括以下内容）： a. 建设单位变更确认证明； b. 设计单位的变更设计图、设计说明、设计变更通知单； c. 变更后的建筑节能计算报告书、节能设计模型； d. 原施工图审查单位出具的变更后的建筑节能审查合格证明； e. 《重庆市民用建筑节能设计审查备案登记表》（盖章）； f. 监理单位签证证明； g. 属节能重大变更的应有城乡建设主管部门的备案证明。 如无上述资料或上述资料不齐备可按"节能设计符合性核查不符合"退回重新申报。	□符合 □不符合	
	3. 设计图、节能计算报告书（采用集中空调的包括空调热负荷及逐项、逐时冷负荷计算书）、节能设计模型等是否一致且节能率是否达到标准要求。 如不一致或节能率达不到要求可按"节能设计符合性核查不符合"退回重新申报。	□符合 □不符合	

续表

建筑节能分项(分部)阶段	核查项目	核查内容	核查判定	备注
	屋面	1. 施工质量检查记录： a. 应有检查内容、检查情况（附图说明）和检查结论； b. 应有施工单位项目技术负责人、记录人、监理（建设）单位监理工程师（建设单位代表）的签字； c. 检查记录内容应与施工图设计的材料品种、厚度、粘结方式和构造等一致。 如不符合上述要求的可按"节能核查不符合"退回重新申报。	□符合 □不符合	
		2. 施工隐蔽工程质量验收记录： a. 应有构造详图、材料固定情况和检查结论； b. 每100 m²检查一处，每处10 m²； c. 应有施工单位项目技术负责人、记录人、监理（建设）单位监理工程师（建设单位代表）的签字； 如不符合上述要求的可按"节能核查不符合"退回重新申报。	□符合 □不符合	
		3. 检验批及分项工程质量验收记录： a.《分项工程质量验收记录》应有检验批部位、检查评定结果、监理单位验收结论；每100 m²检查一处，每处10 m²；应有施工项目专业技术负责人、监理工程师（建设单位项目专业技术负责人）的签字； b.《分部（子分部）工程质量验收记录》应有检验批数量、施工单位检查评定结论、验收意见； c. 应有施工单位、设计单位、监理（建设）单位的盖章； d.《屋面节能工程质量验收记录》应有施工单位检查评定结论、监理（建设）单位验收记录、施工单位验收记录，施工单位验收结果及项目负责人的签字； 位检查评定结果、监理（建设）单位验收结果及相关人员签字。 如不符合上述要求的可按"节能核查不符合"退回重新申报。	□符合 □不符合	
		4. 材料检验检测资料： a. 应有复试检验报告和进场复检报告； b. 复检报告应为见证取样送检； c. 检查报告应包含材料导热系数、密度、抗压强度、燃烧性能； d. 同一厂家同一品种的产品，当单位工程建筑面积在20 000 m²以下时各抽查不少于3次；20 000 m²以上时各抽查不少于6次； e. 检验标准及内容应符合相关产品标准。 如不符合上述要求的可按"节能核查不符合"退回重新申报。	□符合 □不符合	

建筑节能分项、分部阶段	墙体		
	1. 施工质量检查记录： a. 应有检查部位、检查内容、检查情况（附图说明）和检查结论； b. 各个部位都应有检查记录，如窗洞口位置、转角位置、热桥位置等，应有各个位置的详细构造附图说明； c. 应有施工单位项目技术负责人，记录人，监理（建设）单位监理工程师（建设单位代表）的签字； d. 检查记录内容与施工图设计的材料品种、厚度、粘结方式和构造等一致。 如不符合上述要求的可按"节能设计符合性核查不符合"退回重新申报。	□符合 □不符合	
	2. 施工隐蔽工程质量验收记录： a. 应有墙体基层、保温层及保护层及保温层隐蔽工程检查记录（自保温无保温层除外）； b. 应有设计及施工方案要求； c. 应有构造详图，并核查是否与设计图一致； d. 保温层隐蔽检查记录中，应有保温材料品种、型式检验报告、保温层厚度、保温层与基层的粘结构造、加强网的铺设（搭接）、热桥部位的处理等检查内容，有锚固要求的还应有锚固数量、锚固位置、锚固深度的检查内容，并与设计要求一致； e. 应有检查结论； f. 应有施工单位项目技术负责人，记录人，监理（建设）单位监理工程师（建设单位代表）的签字。 如不符合上述要求的可按"节能设计符合性核查不符合"退回重新申报。	□符合 □不符合	
	3. 检验批及分项工程质量验收记录： a. 《分项工程质量验收记录》应有检验批部位、检查评定结果，监理单位验收结论；应有施工单位项目专业技术负责人，监理工程师（建设）工程项目专业技术负责人）的签字； b. 《分部（子分部）工程质量验收记录》应有检验批数量，施工单位检查评及项目负责人的签章； c. 应有施工单位、设计单位、监理（建设）单位的盖章及项目负责人的签字； d. 《墙体节能工程检验批质量验收记录》应有施工单位检查评定记录，施工单位检查评定结果，监理（建设）单位验收结果及相关人员的签字。 如不符合上述要求的可按"节能设计符合性核查不符合"退回重新申报。	□符合 □不符合	

续表

核查项目	核查内容	核查判定	备注
墙体	4. 材料检验检测资料: a. 应有型式检验报告和进场复检报告; b. 复检报告应为见证取样送检; c. 检测报告应包含材料导热系数、密度、抗压强度、燃烧性能; d. 同一厂家同一品种的产品,当单位工程建筑面积在 20 000 m² 以上时各抽查不少于 3 次;20 000 m² 以下时各抽查不少于 6 次; e. 检验标准及内容应符合相关产品标准; f. 当采用保温板材时,应有与基层的粘结强度拉拔试验; g. 当采用保温浆料时,应有同条件养护试件。 如不符合上述要求的可按"节能设计符合性核查不符合"退回重新申报。	□符合 □不符合	
门窗	1. 施工质量检查记录: a. 应有门窗品种、规格、类型检查内容,并与设计要求一致; b. 应有门窗玻璃品种检查内容,并与设计要求一致; c. 应有节能性能(传热系数)内容,并与设计要求一致; d. 应有附图; e. 应有安装检查记录; f. 应有施工单位项目技术负责人、记录人,监理(建设)单位监理工程师(建设单位代表)的签字。 如不符合上述要求的可按"节能设计符合性核查不符合"退回重新申报。	□符合 □不符合	
	2. 施工隐蔽工程质量验收记录: a. 应有安装组件,玻璃,打胶密封,橡胶条等检查内容; b. 应有气密性、水密性、抗风压性、保温性、玻璃遮阳系数等测试内容; c. 应有附图; d. 应有施工单位项目技术负责人、记录人,监理(建设)单位监理工程师(建设单位代表)的签字。 如不符合上述要求的可按"节能设计符合性核查不符合"退回重新申报。	□符合 □不符合	

建筑节能分项、分部、阶段

建筑节能分项（分部）阶段		检查内容	结论
	门窗	3. 检验批及分项工程质量验收记录： a. 应有外窗品种、规格、"四性"、遮阳系数等验收评定记录； b.《门窗节能工程检验批质量验收记录》应有施工单位检查评定记录，施工单位检查评定结果，监理（建设）单位验收结果及相关人员的签字。 如不符合上述要求的可按"节能设计符合性核查不符合"退回重新申报。	□符合 □不符合
		4. 材料检验检测资料： a. 应有型式检验报告和进场复检报告； b. 复检报告应为见证取样送检； c. 检测报告应包含门窗的传热系数、密度、气密性、水密性、抗风压性、（各项参数应在同一检测报告中体现）玻璃的中空玻璃露点、可见光透射比和外窗的现场气密性检验等，且同一厂家同一品种、类型、规格的产品各抽查不少于3樘； d. 检验标准及内容应有符合相关产品标准。 如不符合上述要求的可按"节能设计符合性核查不符合"退回重新申报。	□符合 □不符合
	楼、地面	1. 施工质量检查记录： a. 应有对基层处理、保温层厚度等检查内容，并与设计一致； b. 应有附图说明； c. 应有检查结论； d. 应有施工单位项目技术负责人、记录人、监理（建设）单位监理工程师（建设单位代表）的签字。 如不符合上述要求的可按"节能设计符合性核查不符合"退回重新申报。	□符合 □不符合
		2. 施工隐蔽工程质量验收记录： a. 应有各构造层材料、单位及数量的检查记录； b. 保温层材料应有导热系数、密度、抗压强度和燃烧性能的检查记录； c. 应有各构造层材料相关的检测内容； d. 应有施工单位项目技术负责人、记录人、监理（建设）单位监理工程师（建设单位代表）的签字。 如不符合上述要求的可按"节能设计符合性核查不符合"退回重新申报。	□符合 □不符合

续表

核查项目		核查内容	核查判定	备注
建筑节能分项（分部）阶段	楼、地面	3. 检验批及分项工程质量验收记录： a. 子分部工程应有检查部位、检测批数的检查评定验收内容，且应有设计单位、施工单位、监理（建设）单位的项目负责人及技术专业人员的签字和单位印章； b. 应有保温材料厚度、导热系数、密度、抗压强度等的检查验收记录； c. 《地面节能工程检验批质量验收记录》应有施工单位检查评定记录、监理（建设）单位验收记录，施工单位检查评定结果、监理（建设）单位验收结果及相关人员的签字。 如不符合上述要求的可按"节能设计符合性核查不符合"退回重新申报。	□符合 □不符合	
		4. 材料检验检测资料： a. 应有型式检验报告和进场复检报告； b. 复检报告应为见证取样送检； c. 检测报告应包含各材料导热系数、密度、抗压强度、燃烧性能； d. 同一厂家同一品种的产品各抽查不少于3组； e. 检验标准应符合相关产品标准。 如不符合上述内容的可按"节能设计符合性核查不符合"退回重新申报。	□符合 □不符合	
	幕墙	1. 施工质量检查记录： a. 应有玻璃品种、规格类型检查内容，并与设计要求一致； b. 应有玻璃幕墙性能检测内容； c. 如幕墙有保温材料，应有保温材料品种、厚度、粘结方式和构造的应查内容项目与设计一致； d. 应有附图； e. 应有安装检查记录； f. 应有施工单位项目技术负责人、记录人、监理（建设）单位监理工程师（建设单位代表）的签字。 如不符合上述要求的可按"节能设计符合性核查不符合"退回重新申报。	□符合 □不符合	

建筑节能分项(分部)阶段	幕墙	内容	符合性
		2. 施工隐蔽工程质量验收记录： a. 应有安装组件、玻璃、打胶密封、橡胶条等检查内容； b. 应有气密性、水密性、抗风压性、保温性能、玻璃遮阳系数等测试内容； c. 应有附图； d. 应有施工单位项目技术负责人、记录人,监理工程师(建设单位)单位监理工程师(建设单位代表)的签字； e. 保温层隐蔽检查记录中,应有保温材料品种、型式检验报告,保温层厚度,保温层与基层的粘结构造,并与设计要求一致； f. 应有检查结论； g. 应有施工单位项目技术负责人、记录人,监理(建设)单位监理工程师(建设单位代表)的签字。 如不符合上述要求的可按"节能设计符合性核查不符合"退回重新申报。	□符合 □不符合
		3. 检验批及分项工程质量验收记录： a.《分项工程质量验收记录》应有检验批部位,检查评定结果,监理单位验收结论,应有施工项目专业技术负责人,监理工程师(建设单位项目专业技术负责人)工程质量验收结论,应有检验批数量,施工单位检查评定结论、验收意见； b.《分部(子分部)工程质量验收记录》应有检验批的盖章及项目负责人的签字； c. 应有施工单位、设计单位、监理(建设)单位验收记录应有施工单位项目负责人、记录人,监理(建设)单位验收结果及设计符合性核查人员的签字。 d.《幕墙节能工程检查验收记录》监理(建设)单位验收收集结果及设计符合性核查不符合"退回重新申报。	□符合 □不符合
		4. 材料检验检测资料： a. 应有型式检验报告和进场复检报告； b. 复检报告应为见证取样送检； c. 检测报告应包含材料导热系数、密度、抗压强度、燃烧性能,同一生产厂家的同种类产品抽查不少于一组； d. 检测报告应包含中空幕墙玻璃的传热系数、气密性、水密性、抗风压性、燃烧性能,同一生产厂家的同种类产品抽查不少于一组,(各项参数应在同一检测报告中体现)玻璃的中空透明气玻璃露点,可见光透射比和外窗的现场气密性检验等,同一生产厂家的同种类产品抽查不少于一组； e. 检验标准及内容应符合相关产品标准。 如不符合上述要求的可按"节能设计符合性核查不符合"退回重新申报。	□符合 □不符合

71

续表

核查项目		核查内容	核查判定	备注
建筑节能分项（分部）阶段	用能系统和设备	1. 应有用能设备合格证明及进场复检报告，包括风机盘管及绝热材料；安装及调试现场记录：应有空调主机、风机盘管、新风机等安全及安装记录，且应有施工安装单位、建设单位技术负责人的签字。	□符合 □不符合	
		2. 采暖空调系统运行调试报告： a. 风机盘管性能测试报告； b. 设备单体试运行记录； c. 风机盘管试运转记录； d. 通风空调系统综合效能试验记录； e. 空调设备效能综合调试记录； f. 调试证明书。	□符合 □不符合	
		3. 隐蔽工程质量验收记录：应有隐蔽检查内容（如风机盘管等）、检查数量、检查安装情况、测试情况、检查结论等，应有施工安装单位、监理单位（建设单位代表）的签字。	□符合 □不符合	
		4. 检验批及分项工程质量验收记录： a. 通风与空调系统调试验收记录； b. 工程系统调试验收记录； c. 应有施工单位、监理（建设）单位检查评定、验收结论，且有专业负责人签字确认。 如不符合上述要求的可按"节能设计符合性核查不符合"退回重新申报。	□符合 □不符合	
	配电与照明	1. 施工质量检查记录： a. 应有低压配电系统选择的电缆、电线截面参数的检查记录； b. 应有施工隐蔽工程质量验收记录； c. 应有"电气配线隐蔽检查记录" 如与设计不符合的可按"节能设计符合性核查不符合"退回重新申报处理。	□符合 □不符合	

			核查结果
建筑节能分项、分部阶段	配电与照明	2. 检验批及分项工程质量验收记录： a. 应有《配电与照明节能工程检验批质量验收记录表》，并有对照明光源、灯具、低压配电系统选择的电缆、电线截面等是否与设计一致的验收记录以及工程安装完成后的通电测试运行验收记录，并有设计单位、监理单位、施工单位（建设单位）项目负责人的签字和单位印章。 b. 应有《配电与照明节能工程分部（子分部）工程质量验收记录》，并有设计单位负责人的签字和单位印章。 如不符合上述要求的可按"节能设计符合性核查不符合"退回重新申报。	□符合 □不符合
		3. 材料检验检测资料： a. 低压配电系统选用的电缆其截面，每芯导体电阻值抽测复检报告，同一厂家各种规格总数的10%，且不少于2个规格； b. 灯具（自检）效率自检报告，同类灯具抽测5%，至少1套； c. 三相供电电压允许不平衡度的自检报告； d. 电网谐波电压电流的自检报告； e. 低压配电系统调试与低压配电电源质量的检验报告。 如不符合上述的可按"节能设计符合性核查不符合"退回重新申报。	□符合 □不符合
建筑节能竣工阶段相关核查		1. 各专业工图（包括建筑、暖通、给排水、电气照明）应有监理单位、施工单位、建设单位、设计单位的负责人签字，并盖有项目竣工章。 如上述资料不齐备或无签章可"按节能设计符合性核查不符合"退回重新申报。	□符合 □不符合
		2. 各专业竣工图（包括建筑、暖通、给排水、电气照明）应与施工图（经审查合格）是否一致；如不一致是否有相应的设计变更手续。 如不一致则无变更手续按"节能设计符合性核查不符合"退回重新申报。	□符合 □不符合
		3. 《节能工程分部工程质量验收表》应有监理单位总监理工程师、施工单位项目经理、建设单位项目经理、设计单位的签字同意。 如无可按"节能设计符合性核查不符合"退回重新申报。	□符合 □不符合
		4. 《节能分部工程质量验收会议签收记录及会议纪要》须有建设单位、监理单位、设计单位、施工单位的签章同意。 如无按"节能设计符合性核查不符合"退回重新申报。	□符合 □不符合

核查项目	核查内容	核查判定	备注
法定检测机构出具的工程围护结构热工性能	国家及示范工程、国家及政府投资工程应提供法定检测机构出具的工程围护结构热工性能检测报告且符合相关要求。 如不符合上述要求的可按"节能设计符合性核查不符合"退回重新申报。	□符合 □不符合	
建筑节能新技术、新设备、新材料	当采用建筑节能新技术、新设备、新材料时应有相关的评审、鉴定、备案资料,并且技术参数与设计、施工记录一致。 如不符合上述要求的可按"节能设计符合性核查不符合"退回重新申报。	□符合 □不符合	
节能设计符合性核查结论:		□符合　　□不符合	
主查人:		复查人:	

表2.19 节能率复核表

节能率复核表

项目名称				
子项目				
能效测评等级	□Ⅰ级　□Ⅱ级　□Ⅲ级		建筑类型	□居住建筑 □公共建筑
建设单位			复核时间	
项目联系人		联系电话		
复核内容				
	复核内容	复核判定		备 注
1. 软件名称及版本	软件名称：　　　　版本号：			
2. 计算执行标准	竣工图、节能计算书、节能计算模型中执行标准是否一致且是否符合相关规定	□符合　□不符合		
3. 项目所在地区	节能计算模型中项目所在地是否与实际相符	□符合　□不符合		
4. 朝向	竣工图、节能计算书、节能计算模型中朝向是否一致	□符合　□不符合		
5. 屋面	竣工图、节能计算书、节能计算模型中屋面形式（坡屋面、平屋面）、构造及保温材料的种类、厚度及工参数是否一致，且计算参数是否符合标准相关要求	□符合　□不符合		
6. 墙体	竣工图、节能计算书、节能计算模型中墙体构造及保温材料的种类、厚度、热工参数（密度、导热系数、蓄热系数及相应的修正系数）是否一致，且计算参数是否符合标准相关要求	□符合　□不符合		
7. 冷、热桥、剪力墙	竣工图、节能计算模型中冷、热桥及剪力墙的设置是否一致	□符合　□不符合		

续表

	复核内容	复核判定		备注
8.门、窗大小	竣工图、节能计算书、节能计算模型中的门、窗(主要是外门、窗)尺寸大小设置是否一致	□符合	□不符合	
9.门、窗设置	竣工图、节能计算书、节能计算模型中的门、窗设置是否一致(主要凸窗是否按凸窗设置,阳台透明部分是否按窗设置等)	□符合	□不符合	
10.门、窗材料及参数设置	竣工图、节能计算书、节能计算模型中的门、窗型材类型、玻璃类型、空气层厚度、遮阳系数、窗墙面积比、气密性等级是否一致,且参数设置是否符合相关要求	□符合	□不符合	
11.遮阳设置	竣工图、节能计算书、节能计算模型中的遮阳设置是否一致,且符合相关要求	□符合	□不符合	
12.楼、地面及架空楼板	竣工图、节能计算书、节能计算模型中楼、地面、架空楼板的设置是否一致,构造是否一致,计算参数是否与竣工图一致	□符合	□不符合	
13.模型组装	模型组装(标准层数、层高、总层数)是否与竣工图一致	□符合	□不符合	
14.房间设置	模型中房间设置类型是否与竣工图一致	□符合	□不符合	
15.建筑轮廓	模型中的建筑轮廓是否与竣工图一致	□符合	□不符合	
16.节能率计算结果	是否达到节能率	□符合	□不符合	
17.其他				
节能率复核结论:		□符合 □不符合		
主查人		复查人		

表2.20 建筑能效测评现场抽查表

项目名称		子项目	
建筑类型	□居住建筑 （□50% □65% □70%） □公共建筑 （□50% □65% □70%）	项目编号	
建设单位		现场核查时间	
项目联系人		联系电话	

项 目	抽查内容	抽查情况（抽查记录）	抽查判定	处 理
墙体	a. 主要抽查内容：砌体材料品种、厚度，保温材料种类、厚度（现场钻芯）、燃烧性能； b. 抽查数量及部位：原则上按一栋建筑不少于3处，高层建筑高、中、低部位各抽查1处； c. 抽查记录：当场应对抽查情况进行记录（包括照片），有必要时对抽查材料进行封存，并进行检测	砌体材料品种及规格： 厚度： 抽查位置： 数量： 保温材料品种： 厚度： 燃烧性能： 抽查位置： 数量：	□符合 □不符合 □符合 □不符合	如砌体材料品种、厚度，保温材料种类、厚度（平均厚度应达到设计要求的95%及以上，最小厚度不低于设计值的90%），燃烧性能任意一项与竣工资料不符，按"节能设计符合性核查不符合"退回重新申报
幕墙	a. 主要抽查内容：幕墙保温材料种类、厚度，幕墙型材种类，玻璃种类，空气层厚度等； b. 抽查数量及部位：不同构造不少于1处； c. 抽查记录：当场应对抽查情况进行记录（包括照片），有必要时对抽查材料进行封存，并进行检测	保温材料品种及规格： 厚度： 燃烧性能： 抽查位置： 数量： 幕墙型材种类： 抽查位置： 数量： 玻璃种类： 空气层厚度： 位置： 厚度： 数量：	□符合 □不符合 □符合 □不符合 □符合 □不符合	如保温材料种类、厚度，型材种类，玻璃种类，厚度，空气层厚度任意一项与竣工资料不符，按"节能设计符合性核查不符合"退回重新申报

续表

项　目	抽查内容	抽查记录		抽查判定	处　理
门、窗	a. 主要抽查内容：门、窗型材品种、玻璃类型、空气层厚度、遮阳系数等； b. 抽查数量及部位：不同类型型材品种至少抽查 1 处； c. 抽查记录：当场应对抽查情况进行记录（包括照片），有必要时对抽查材料进行封存，并进行检测	型材种类： 抽查位置： 数量： 玻璃种类： 空气层厚度： 位置：	厚度： 数量：	□符合 □不符合	如门、窗型材品种、玻璃类型、空气层厚度、遮阳系数任意一项与竣工资料不符，按"节能设计符合性核查不符合"退回重新申报
屋　面	a. 主要抽查内容：保温材料种类、厚度、燃烧性能； b. 抽查数量及部位：不同构造不少于 1 处； c. 抽查记录：当场应对抽查情况进行记录（包括照片），有必要时对抽查材料进行封存，并进行检测	保温材料品种： 厚度： 燃烧性能： 抽查位置： 数量：		□符合 □不符合	如保温材料种类、厚度、燃烧性能任意一项与竣工资料不符，按"节能设计符合性核查不符合"退回重新申报
楼、地面	a. 主要抽查内容：保温材料种类、厚度； b. 抽查数量及部位：不同构造不少于 1 处； c. 抽查记录：当场应对抽查情况进行记录（包括照片），有必要时对抽查材料进行封存，并进行检测	保温材料品种： 厚度： 燃烧性能： 抽查位置： 数量：		□符合 □不符合	如保温材料种类、厚度任意一项与竣工资料不符，按"节能设计符合性核查不符合"退回重新申报

类别	主要抽查内容	记录	结论	备注
建筑物用能系统及其设备	a. 主要抽查内容:采暖空调机组数量,设备功率,制冷、制热量;风机盘管功率、绝热材料种类厚度等; b. 抽查数量及部位:不同类型不少于1处; c. 抽查记录:当场应对抽查情况进行记录(包括照片),有必要时对抽查设备、材料进行封存,并进行检测	空调机组数量: 设备功率: 能效比等: 风机盘管功率、绝热材料种类: 绝热材料厚度:	□符合 □不符合	如采暖空调机组数量,设备功率,制冷、制热量,能效比等;风机盘管功率、绝热材料类厚度与设计不符合性核查不符合,按"节能设计符合性核查不符合"退回重新申报
照明与配电	a. 主要抽查内容:公共区域是否采用节能灯具,居住建筑楼梯间是否采用声光控制开关; b. 抽查数量及部位:不同部位不少于1处; c. 抽查记录:当场应对抽查情况进行记录(包括照片)	公共区域灯具种类: 楼梯间照明控制方式: 抽查位置: 数量:	□符合 □不符合	如公共区域没有采用节能灯具,居住建筑楼梯间没有采用声光控制等节能方式。按"节能设计符合性核查不符合"退回重新申报
检测与控制	a. 主要抽查内容:检测控制系统的投入使用及控制功能,检测故障、记录和报警功能; b. 抽查数量:按总数的20%抽查	—	□符合 □不符合	如监测控制系统的控制功能及故障报警功能不符合设计要求。按"节能设计符合性核查不符合"退回重新申报
其他				
	现场抽查及性能检测结论:		□符合　　　　□不符合	
	主查人		复核人	

2.9 建筑节能信息公示

2.9.1 管理的目的和依据

为贯彻落实《中华人民共和国节约能源法》,发挥社会公众监督作用,加强民用建筑节能监督管理,国家制定民用建筑节能信息公示办法。民用建筑节能信息公示,是指建设单位在房屋施工、销售现场,按照建筑类型及其所处气候区域的建筑节能标准,根据审核通过的施工图设计文件,把民用建筑的节能性能、节能措施、保护要求以张贴、载明等方式予以明示的活动,主要依据有:

①住房和城乡建设部《关于印发〈民用建筑节能信息公示办法〉的通知》(建科〔2008〕116号)。

②重庆市城乡建设委员会和重庆市国土资源和房屋管理局《关于民用建筑实行建筑节能信息公示的通知》。

2.9.2 管理的内容和方法

凡在重庆市行政区域内新建(改、扩建)和进行节能改造的建筑应当进行建筑节能信息公示。

相关主管部门须对三个环节进行管理:施工现场、销售现场、住宅质量保证书和使用说明书。

1)施工现场

公示位置:建设单位应当在房屋施工现场主要出入口显著位置,根据审核通过的施工图设计文件,将民用建筑的节能性能、措施及要求等情况进行公示。

公示时间:施工现场建筑节能信息公示时间为主体结构工程开始实施至工程竣工验收合格。

管理机构:市管项目施工阶段的建筑节能信息公示由市建设工程质量监督总站负责;区(县)项目施工阶段的建筑节能信息公示由区(县)建设工程质量监督站负责。

公示内容:执行的建筑节能设计标准;经施工图审查机构审查合格的施工图中建筑节能的主要内容及节能措施,详见表2.21。建筑工程施工过程中,如发生涉及建筑节能主要内容或节能措施变更的,建设单位应当办理设计变更手续,并按重庆市城乡建设委员会《关于加强建筑节能工程施工图设计文件审查合格后的重大变更管理的通知》(渝建发〔2008〕39号)等规定进行审查,并在审查同意变更后15日内重新公示建筑节能信息。

2)销售现场

公示位置:建设单位应当在房屋销售现场显著位置,根据审核通过的施工图设计文件,将民用建筑的节能性能、措施及要求等情况进行公示。

公示时间:销售场所建筑节能信息公示时间为销售之日起至销售结束。

管理机构:市管项目销售现场的建筑节能信息公示由市国土资源和房屋管理局负责,由市城乡建设委员会督促检查;区(县)项目销售现场的建筑节能信息公示由区(县)国土资源和房屋管理局负责,由区(县)城乡建设委员会督促检查。

公示内容:房屋能效水平,节能措施以及保护要求、节能工程质量保修期等,详见表2.22。建筑工程施工过程中,如发生涉及建筑节能主要内容或节能措施变更的,建设单位应当办理设计变更手续,并按市城乡建设委员会《关于加强建筑节能工程施工图设计文件审查合格后的重大变更管理的通知》(渝建发〔2008〕39号)等规定进行审查,并在审查同意变更后15日内重新公示建筑节能信息。

3)住宅质量保证书和使用说明书

公示时间:房屋交付使用时。

管理机构:住宅质量保证书和使用说明书的监督管理由市开发办负责,城乡建设主管部门负责督促检查。

公示内容:围护结构保温(隔热)、遮阳设施,供热采暖、空调、通风、照明系统及其节能设施,可再生能源利用,建筑能耗与能源利用效率等。

2.10 法律责任

2.10.1 《民用建筑节能条例》规定的法律责任

《民用建筑节能条例》的第五章对政府有关部门、建设单位、设计单位、施工单位、工程监理单位、房地产开发企业、注册执业人员违反条例规定所应承担的法律责任作出了详细规定。

①第三十五条规定了县级以上人民政府有关部门在规划许可、设计方案审批、施工许可、监管等方面违反条例应承担相应的法律责任。

②第三十六条规定了各级人民政府及其有关部门、单位违反国家有关规定和标准,以节能改造的名义对既有建筑进行扩建、改建的行为应当承担的法律责任,防止以节能改造为名实施大拆大建。本条的违法主体仅限于对国家机关办公建筑、政府投资和以政府投资为主的公共建筑进行扩建、改建的主体。

③第三十七条规定了建设单位违反本条例规定所应当承担的法律责任,包括建设单位在设计、施工、采购以及技术、工艺、材料和设备使用等方面的违法行为。本条有关行政法律责任的设定,主要是罚款。

④第三十八条规定了建设单位违反本条例规定出具竣工验收合格报告所应当承担的法

律责任。建设单位承担两种责任:行政责任(责令改正;罚款)与民事责任(损失赔偿)。

⑤第三十九条规定了设计单位,第四十条、四十一条规定了施工单位,第四十二条规定了工程监理单位违反条例规定所应承担的法律责任。违法主体承担两种责任:行政责任(责令改正;罚款;停业整顿、降低资质等级或者吊销资质证书)与民事责任(损失赔偿)。

⑥第四十三条规定了房地产开发企业销售商品房时未向购买人明示建筑节能信息或所明示的信息与实际不符应承担的法律责任。违法主体承担两种责任:行政责任(责令改正;罚款;降低资质等级或者吊销资质证书)与民事责任(损失赔偿)。为了确保商品房购买人的合法权益,本条设定了民事责任优先适用原则,首先要求房地产开发企业承担相应的民事法律责任。

⑦第四十四条规定了注册执业人员未执行民用建筑节能强制性标准的行为应当承担的法律责任。该违法主体主要承担行政责任,责令停止执行或吊销执业资格证书。

以上条款的具体内容可参见本书附录所列的《民用建筑节能条例》。

2.10.2 《重庆市建筑节能条例》规定的法律责任

《重庆市建筑节能条例》在第六章从第三十四条到三十九条对违反该《条例》的行为应承担的法律责任作出了明确规定。

①第三十四条规定了建设行政主管部门及其建筑节能管理机构、政府其他主管部门工作人员,在建筑节能管理工作中发生违法违规行为应承担的法律责任。

②第三十五条规定了建设单位、设计单位、施工图审查机构、施工单位、监理单位,在设计、施工和采购过程中违反建筑节能强制性标准以及房地产开发企业未向购买人公示建筑节能基本信息等行为应承担的法律责任,由于本条规定的违法行为和及其处罚在《建设工程质量监管条例》中有对应的明确规定,所以本条未一一列出,具体执行中应从《建设工程质量管理条例》的相关具体规定。

③第三十六条规定了建设单位在建筑能效测评与标识中的违法行为应承担的法律责任。

④第三十七条规定了设计单位在初步设计和施工图设计阶段违法行为应承担的法律责任。

⑤第三十八条规定了建筑节能检测机构发生违法行为应承担的法律责任。

⑥第三十九条是对上述违法行为作出数额较大罚款等行政处罚时对听证额度的规定。

以上条款的具体内容可参见本书附录所列的《重庆市建筑节能条例》。

表2.21 重庆市民用建筑施工现场节能信息公示牌

项目名称			幢 号	
建设单位			地址及联系电话	
设计单位			施工单位	
施工图审查机构			监理单位	

建筑	执行的建筑节能标准					
建筑	屋面保温	保温材料种类				
		传热系数[W/(m²·K)]/保温层厚度(mm)				
	外墙	主墙体材料/材料厚度(mm)				
		保温型式/保温材料种类	北		东	
			南		西	
		传热系数[W/(m²·K)]/保温层厚度(mm)	北		东	
			南		西	
	楼地面	传热系数[W/(m²·K)]/保温层厚度(mm)				

外窗	分项 朝向	窗型/窗玻/传热系数[W/(m²·K)]	遮阳措施/遮阳系数
	北		
	东		
	南		
	西		

空调	空调系统形式/机组类型				
热水	供应方式/用能类型				
照明	分项指标 主要功能房间				
	照度标准(lx)				
	功率密度(W/m²)				
	其他节能措施				
	建筑能源利用效率	本建筑的节能率与建筑节能标准比较情况			

表 2.22　重庆市民用建筑销售现场节能信息公示牌

项目名称				幢　号	
建设单位				地址及联系电话	
设计单位				施工单位	
施工图审查机构				监理单位	
本建筑的节能率与建筑节能标准比较情况					
建筑	屋面保温	保温材料种类			
		传热系数[W/(m²·K)]/保温层厚度(mm)			
	外墙	主墙体材料/材料厚度(mm)			
		保温型式/保温材料种类	北		东
			南		西
		传热系数[W/(m²·K)]/保温层厚度(mm)	北		东
			南		西
	楼地面	传热系数[W/(m²·K)]/保温层厚度(mm)			
外窗	分项　　朝向	窗型/窗玻/传热系数[W/(m²·K)]		遮阳措施/遮阳系数	
	北				
	东				
	南				
	西				
空调	空调系统形式/机组类型				
热水	供应方式/用能类型				
照明	主要功能房间				
	分项指标　　照度标准(lx)				
	功率密度(W/m²)				
	其他节能措施				
	节能工程质量保修期				

住宅质量保证书和使用说明书中载明的建筑节能信息

1. 围护结构保温(隔热)、遮阳设施

1)墙体

(1)保温(隔热)形式:_____;

(2)保温材料名称:_____;

(3)保温材料性能。密度:_____ kg/m³,燃烧性能:_____ h,导热系数:_____ W/(m·K),保温材料层厚度:_____ mm;

(4)墙体材料:_____;

(5)墙体传热系数:_____ W/(m²·K)。

2)屋面

(1)保温(隔热)形式:_____;

(2)保温材料名称:_____;

(3)保温材料性能。密度:_____ kg/m³,导热系数:_____ W/(m·K),吸水率:_____%,保温材料层厚度:_____ mm;

(4)屋顶传热系数:_____。

3)地面(楼面)

(1)保温材料名称:_____;

(2)传热系数:_____ W/(m²·K);

(3)保温材料性能。密度:_____ kg/m³,导热系数:_____ W/(m·K),保温材料层厚度:_____ mm。

4)外门窗(幕墙)

(1)门窗类型:_____;

(2)外遮阳形式:_____;

(3)内遮阳材料:_____;

(4)门窗性能。传热系数:_____ W/(m²·K),遮阳系数:_____%,可见光透射比:_____,气密性能:_____。

2. 供热采暖系统及其节能设施

_____。

3. 空调、通风、照明系统及其节能设施(公共建筑)

_____。

4. 可再生能源利用

_____

5. 建筑能耗与能源利用效率

(1)当地节能建筑单位建筑面积年度能源消耗量指标:_____ W/(m²·a);

(2)本建筑单位建筑面积年度能源消耗量指标:_____ W/(m²·a);

(3)本建筑用能系统效率:热(冷)源效率_____%,管网输送效率:_____%;

(4)本建筑与建筑节能标准比较:_____。

填写说明

1. 本表所填内容应与建筑节能报审表、经审查合格的建筑节能设计文件一致。

2. 幢号可按不同建筑类型成组填写。

3. 外墙保温形式是指:外保温、内保温、夹芯保温、自保温、内外复合保温、其他。

4. 外窗窗型包括:窗框、玻璃材料和玻璃窗(透明幕墙)中空层等。

5. 外门窗玻璃材料是指:单框单玻、单框中空、普通玻璃、Low-E 玻璃,玻璃应注明厚度(mm),中空玻璃应注明中空厚度(mm)。

6. 遮阳措施是指:外遮阳、玻璃遮阳、综合遮阳、无。

7. 本建筑的节能率与建筑节能标准比较情况:优于标准规定、满足标准规定、不符合标准规定。

8. 供热采暖系统及其节能设施

(1)供热方式:城市热力集中供热、区域锅炉房集中供热、分户独立热源供热、热电厂余热供热、无;

(2)室内采暖方式:散热器供暖、地面辐射供暖、其他、无;

(3)系统调节装置:静态水力平衡阀、自力式流量控制阀、自力式压差控制阀、散热器恒温阀、其他、无;

(4)热量分摊(计量)方法:户用热计量表法、热分配计法、温度法、楼栋热量表法、其他、无。

9. 空调、通风、照明系统及其节能设施(公共建筑)

(1)空调风系统形式:定风量全空气系统、变风量全空气系统、风机盘管加新风系统、其他;

(2)有无新风热回收装置:有、无;

(3)空调水系统制式:一次泵系统、二次泵系统、一次泵变流量系统、其他;

(4)空调冷热源类型及供冷方式:压缩式冷水(热泵)机组、吸收式冷水机组、分体式房间空调器、多联机、区域集中供冷、独立冷热源集中供冷、其他;

(5)送、排风系统形式:自然通风系统、机械送排风系统、机械排风自然进风系统、设有排风余热回收装置的机械送排风系统、其他;

(6)照明系统性能:照度值、功率密度值;

(7)节能灯具类型:普通荧光灯、T8 级、T5 级、LED、其他;

(8)照明系统有无分组控制方式:有、无;

(9)生活热水系统的形式和热源:集中式、分散式、电、蒸汽、燃气、太阳能、其他。

10. 其他节能措施

(1)可再生能源应用:太阳能生活热水供应、太阳能采暖、太阳能空调制冷、太阳能光伏发电、土壤源热泵、浅层地下水源热泵、地表水源热泵、污水水源热泵、风能发电、其他、无;

(2)余热利用:利用余热制备生活热水采暖、利用余热制备采暖热水、利用余热制备空调热水、利用余热加热(冷却)新风、无;

(3)其他新材料、新技术、新设备的应用。

第3章　建筑节能技术使用管理

建筑节能技术、材料、设备和工艺（统称"建筑节能技术"）是实施建筑节能工程的重要物质支撑。加强建筑节能技术使用管理对提升建筑节能技术水平，提高建筑节能材料产品质量，保障建筑节能工程质量安全，确保建筑节能工程节能效果具有重要作用。按照《民用建筑节能条例》《重庆市建筑节能条例》等法律法规以及国家和重庆市有关建筑节能管理规定和标准规范要求，重庆市建立并实施了"建筑节能技术使用备案管理制度""落后建筑节能技术禁限使用管理制度""建筑节能材料入场复检制度"和"建筑节能材料防火管理制度"。

3.1　建筑节能技术备案管理

3.1.1　管理的目的和依据

为规范建筑节能材料生产供应行为，提高建筑节能材料产品质量，根据《民用建筑节能条例》、《重庆市建筑节能条例》和《关于加强建筑节能材料和产品质量监督管理的通知》（建科〔2008〕147号）等有关规定，重庆市城乡建设主管部门结合本市实际，制定发布了《重庆市建筑节能技术备案与性能认定管理办法》（渝建发〔2010〕69号），建立并实施了建筑节能技术备案管理制度，明确要求应用于本市行政区域内建筑工程的建筑节能技术均应办理建筑节能技术备案。同时，对开展建筑节能技术性能认定技术服务的原则、条件、流程和相关服务工作管理要求作出了明确要求。

3.1.2　管理流程

建筑节能技术备案管理流程如图3.1所示。

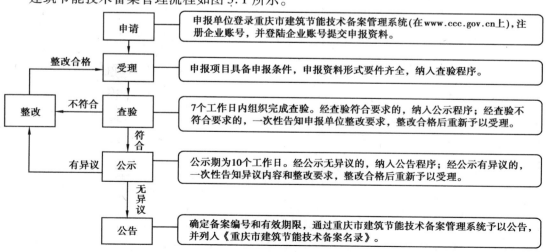

图3.1　建筑节能技术备案管理流程图

3.1.3 管理的内容和方法

1)申报条件

①申报单位已取得企业独立法人营业执照。

②申报项目未被国家或重庆市列为限制、禁止使用的技术和产品,且符合国家和重庆市相关技术产业政策规定,有利于提高能源利用效率和保护生态环境。

③申报项目具有国家或行业或地方或企业发布的标准,作为设计、施工、检测和验收的技术依据。

④申报项目无成果和权属争议或纠纷。

2)申报范围

①新型墙体材料。

②墙体、屋面、楼面保温隔热系统及组成材料。

③建筑门窗、玻璃幕墙及其部件和产品。

④建筑遮阳技术与产品。

⑤建筑通风、空调节能技术与产品。

⑥建筑配电、照明节能技术与产品。

⑦可再生能源建筑应用技术及设备设施。

⑧其他建筑节能技术与产品。

3)申报资料

①建筑节能技术备案申请表。

②申报单位简介和营业执照、组织机构代码证复印件(须验原件);国外或市外申报单位在本市有代理销售机构的,应提供代理销售授权委托书。

③申报项目的产品标准与应用技术标准(企业标准须经市城乡建设主管部门备案)。

④由重庆市城乡建设主管部门公布并具有相应检测资质的检测机构出具的有效型式检验报告复印件(须验原件)。

4)管理方法

①备案项目的名称、执行标准与备案项目持有单位的名称、法人代表、地址等内容发生变更时,应于变更之日起5个工作日内提出变更申请,经核实后予以变更公告。

②备案的有效期限为3年,有效期限截止前1月内,其持有单位应申请备案复验。

③备案项目持有单位应于每年12月31日前通过备案公告平台将当年应用工程项目清单及应用情况报重庆市城乡建设主管部门登记。

④备案项目被国家或重庆市列为落后技术禁止使用的,或备案项目有效期限截止未通过复验的,或备案项目持有单位因破产、歇业或其他原因终止营业的,其备案资格自动失效,应取消备案公告内容。

⑤备案项目持有单位有以下情形之一者,记优良诚信行为记录1次,并予以通报:

a.开展技术创新获得国家和重庆市相关表彰的;

b.为出台地方相关建筑节能标准作出积极贡献的。

⑥凡优良诚信行为记录达2次的,予以通报表彰。

⑦备案项目持有单位有以下情形之一者,记不良诚信行为记录1次,并予以通报:

a.提供假冒伪劣技术和产品,恶意扰乱市场秩序的;

b.虚假宣传或误导使用单位的;

c.被投诉举报并经主管部门查实的。

⑧备案项目持有单位有以下情形之一者,撤销备案,并予以通报:

a.不良诚信行为记录达2次的;

b.生产或供应不合格产品的;

c.违反工程建设强制性标准的;

d.涂改、伪造备案证明文件的;

e.涂改、伪造以及采取不正当手段获取检验报告的;

f.因其技术出现严重缺陷而导致质量安全事故的。

3.1.4　各方主体的职责

(1)各级城乡建设主管部门

各级城乡建设主管部门应将备案证明文件列为建筑节能分部工程质量验收和建筑能效测评的重要核查资料,严格落实建筑节能技术备案管理制度的有关要求,加强对建筑节能技术工程应用过程的动态监管。各区县(自治县)城乡建设主管部门每年应组织不少于2次的动态监管抽查;市城乡建设主管部门每年应组织不少于1次的动态监管抽查,并组织建立备案项目持有单位的诚信行为档案,通过备案公告平台公布诚信行为记录。

(2)设计单位

设计单位在设计选用建筑节能技术时,应登录备案管理系统查阅建筑节能技术的执行标准和适用范围,并按照公告内容明确的执行标准和适用范围要求选用建筑节能技术。

(3)建设、施工和监理单位

建设、施工和监理单位在选购、使用建筑节能技术时,应登录备案系统认真核实备案证明文件的真实有效性,不应选用未通过备案的建筑节能技术,不得超出适用范围选用建筑节能技术。当发现建筑节能工程违规使用建筑节能技术或备案项目持有单位违规提供建筑节能技术的,应及时向重庆市城乡建设主管部门反映。

3.2　落后建筑节能技术禁限使用管理

3.2.1　管理的目的和依据

《民用建筑节能条例》第十一条规定:"国家推广使用民用建筑节能的新技术、新工艺、新材料和新设备,限制使用或者禁止使用能源消耗高的技术、工艺、材料和设备;国务院节能工作主管部门、建设主管部门应当制定、公布并及时更新推广使用、限制使用、禁止使用目录；国家限制进口或者禁止进口能源消耗高的技术、材料和设备。"《重庆市建筑节能条例》第九条也明确规定："市建设行政主管部门应当会同有关部门建立建筑节能技术性能认定公告制度，及时制定、公布并更新推广使用目录和限制或者禁止使用目录，淘汰生产制造能耗高、资源利用效率低、产品质量性能差以及不利于实施节能减排和保护生态环境的落后技术产品。"

3.2.2 管理的流程和内容

1)管理的流程

制定落后建筑节能技术产品目录或管理文件，遵循"调研""论证""征求意见""公示"和"公告"的工作流程。

2)管理的内容

①落后建筑节能技术产品目录或管理文件应明确禁限范围、条件、时间、理由和相关替代技术等内容。

②生产制造能耗高、资源利用效率低、产品质量性能差以及存在严重技术缺陷和质量通病的技术产品，应按照管理流程规定列入禁限使用技术产品目录或管理文件。

③针对被禁限使用的落后技术产品，应及时修订有关标准、定额，组织修编相应的标准图集。

3.2.3 各方主体的职责

①建设单位、设计单位、施工单位不得在民用建筑节能工程中使用被禁止或限制的落后技术、工艺、材料和设备。

②设计初步建筑节能审查、建筑节能施工图设计审查、建筑节能分部工程验收和建筑能效测评等环节，均应将落后建筑节能技术的禁限使用列为重要审查内容。

③各级城乡建设主管部门应加强对落后建筑节能技术的禁限使用管理，凡发现违规使用落后建筑节能技术的，视同使用不合格的产品，要督促整改到位，并依据《建设工程质量管理条例》《民用建筑节能条例》等法律、法规对实施单位进行处罚。

3.3 建筑节能材料入场复验管理

3.3.1 管理的目的和依据

《民用建筑节能条例》第十六条和《重庆市建筑节能条例》第十五条均明确规定："施工单位应当对进入施工现场的墙体材料、保温材料、门窗、采暖制冷系统、照明设备进行查验，对国家和重庆市规定必须实行见证取样和送检的材料、样品，应当在建设单位或者监理单位监督下进行现场取样，送建筑节能检测机构进行检测。"《建筑节能工程施工质量验收规范》

（GB 50411）对各类建筑节能材料的入场复检批次、指标和方式也均作出了明确规定。

3.3.2 管理的内容和方法

建筑节能材料和设备的进场验收应遵守下列规定：

①应对材料和设备的品种、规格、包装、外观和尺寸等进行检查验收，并应经监理工程师（建设单位代表）核准，形成相应的验收记录。

②应对材料和设备的质量合格证明文件进行核查，并应经监理工程师（建设单位代表）确认，纳入工程技术档案。所有进入施工现场用于节能工程的材料和设备均应具有出厂合格证、中文说明书及相关性能检测报告；进口材料和设备应按规定进行出入境商品检验。

③应对部分材料和设备按照表3.1规定进行抽样复验。复验项目中应有30%的试验次数为见证取样送检。

表3.1 建筑节能材料（设备）入场复验项目表

序号	分项工程	复验项目
1	墙体节能工程	①保温材料的导热系数、密度、抗压强度或压缩强度； ②粘结材料的粘结强度； ③增强网的力学性能、抗腐蚀性能
2	幕墙节能工程	①保温材料：导热系数、密度； ②幕墙玻璃：可见光透射比、传热系数、遮阳系数、中空玻璃露点； ③隔热型材：抗拉强度、抗剪强度
3	门窗节能工程	①严寒、寒冷地区：气密性、传热系数和中空玻璃露点； ②夏热冬冷地区：气密性、传热系数，玻璃遮阳系数、可见光透射比、中空玻璃露点； ③夏热冬暖地区：气密性，玻璃遮阳系数、可见光透射比、中空玻璃露点
4	屋面节能工程	保温隔热材料的导热系数、密度、抗压强度或压缩强度
5	地面节能工程	保温材料的导热系数、密度、抗压强度或压缩强度
6	采暖节能工程	①散热器的单位散热量、金属热强度； ②保温材料的导热系数、密度、吸水率
7	通风与空调节能工程	①风机盘管机组的供冷量、供热量、风量、出口静压、噪声及功率； ②绝热材料的导热系数、密度、吸水率
8	空调与采暖系统冷、热源及管网节能工程	绝热材料的导热系数、密度、吸水率
9	配电与照明节能工程	电缆、电线截面和每芯导体电阻值

④外墙节能构造钻芯检验应满足《建筑节能工程施工质量验收规范》（GB 50411）中附录C的规定。

3.3.3 各方主体的职责

（1）施工单位

施工单位应在监理单位或建设单位代表见证下，严格按照《建筑节能工程施工质量验收规范》（GB 50411）规定的批次、指标以及其他相关要求，对建筑节能材料和设备进行见证取样送检，委托具有检验资质和检测能力的建筑节能检测机构进行检测。

（2）监理单位

监理单位应对建筑节能材料和设备的抽样送检或现场实体检验进行见证监督。

（3）建筑节能检测机构

建筑节能检测机构应严格按照《建筑节能工程施工质量验收规范》（GB 50411）以及其他有关现行建筑节能标准和管理规定明确的检测指标、检测方法和检测设备等要求进行检测，确保检测结果客观真实。

（4）各级城乡建设主管部门

各级城乡建设主管部门应加强对建筑节能材料和设备进行复验监督管理。

3.4 建筑节能材料防火安全管理

3.4.1 管理的目的和依据

为提高建筑节能材料防火性能，确保建筑节能工程防火安全，住房和城乡建设部、公安部制定发布了《民用建筑外墙保温系统及外墙装饰防火暂行规定》（公通字〔2009〕46 号），重庆市城乡建委先后制定发布了《关于加强民用建筑保温系统防火监督管理的通知》（渝建〔2010〕158 号）、《关于进一步加强民用建筑保温系统防火监督管理的紧急通知》（渝建〔2010〕615 号）和《关于禁止使用可燃建筑墙体保温材料的通知》（渝建发〔2011〕22 号）等一系列加强建筑节能材料防火安全管理的政策文件，不断提高建筑节能材料防火性能要求，不断强化建筑节能材料防火安全管理。

3.4.2 管理的内容

按照《关于禁止使用可燃建筑墙体保温材料的通知》（渝建发〔2011〕22 号）等重庆市相关现行建筑节能材料防火管理规定，自 2011 年 3 月 10 日起，凡尚未通过施工图审查的民用建筑工程项目在确保满足《民用建筑外墙保温系统及外墙装饰防火暂行规定》（公通字〔2009〕46 号）的基础上，还必须满足以下要求：

①禁止燃烧性能为 B_2 级及以下的保温材料用于任何民用建筑墙体保温工程。

②禁止燃烧性能低于 A 级的保温材料用于高度≥24 m 幕墙式民用建筑、高度≥100 m 非幕墙式居住建筑和≥50 m 非幕墙式其他民用建筑的墙体保温工程。

③国家和重庆市发布的相关现行管理规定高于上述两条要求的，从其规定。

3.4.3 各方主体的职责

（1）建设单位

建设单位应督促设计单位、施工单位和监理单位认真贯彻执行"公通字〔2009〕46 号"和"渝建发〔2011〕22 号"等文件规定，严格按照经审查合格的建筑节能施工图设计文件以及本市相关管理规定要求采购墙体保温材料与防火隔离带材料，不得擅自降低墙体保温材料与防火隔离带材料的燃烧性能等级要求，不得明示或者暗示施工单位使用不合格的墙体保温材料与防火隔离带材料，并对所采购材料质量负责。

（2）设计单位

设计单位应在初步设计文件和施工图设计文件中明确建筑墙体保温材料与防火隔离带材料的燃烧性能等级，以及防火隔离带的构造详图、位置和高度等，不得擅自降低或变更"公通字〔2009〕46 号"和"渝建发〔2011〕22 号"等文件规定对墙体保温材料和防火隔离带材料燃烧性能的要求。

（3）施工图审查机构

施工图审查机构应加强对建筑墙体保温材料防火安全性能的审查，在施工图审查合格书中明确墙体保温材料与防火隔离带材料的燃烧性能等级以及是否符合"公通字〔2009〕46 号"和"渝建发〔2011〕22 号"等文件规定，凡不符合要求的，一律不得通过施工图审查。

（4）施工单位

施工单位应对建筑墙体保温材料防火施工质量负责。在墙体保温材料施工前，应严格按照《建筑节能工程施工质量验收规范》（GB 50411）规定的检验批次、检查数量对墙体保温材料和防火隔离带材料燃烧性能进行见证取样送检，未经检测或检测不符合设计文件以及"公通字〔2009〕46 号"和"渝建发〔2011〕22 号"等文件规定的，一律不得使用。在施工过程中，应做到防火隔离带与墙体保温工程同步施工和同步验收；同时应加强施工现场管理，确保墙体保温材料和防火隔离带材料的堆放、施工以及工程现场电焊、切割、热熔、热粘结等带火（高温）的施工作业符合"公通字〔2009〕46 号"及其他有关建筑防火安全操作规程和管理规定的要求。

（5）监理单位

监理单位应切实履行工作职责，建筑墙体保温材料和防火隔离带材料经见证取样送检不符合设计文件以及"公通字〔2009〕46 号"和"渝建发〔2011〕22 号"等文件规定的，应立即要求施工单位清退出施工现场；同时应对防火隔离带等隐蔽工程施工进行旁站监理，做好有效影像资料记录以备复查。

（6）检测机构

检测机构必须取得相应法定检测资质后方可实施燃烧性能检测，检测方法必须严格按照相关标准规范要求进行，必须做好检测影像和文字资料记录，对检测结果的客观真实性负责。

（7）各级城乡建设主管部门及其工程质量监督机构

各级城乡建设主管部门及其工程质量监督机构应加强建筑节能材料防火安全动态监督管理。

第 4 章 既有建筑节能管理

我国目前城乡既有建筑面积超过 400 亿 m^2，其中城镇建筑面积约为 200 亿 m^2，建筑能源消耗已经占全社会终端能耗的 27.5% 左右。由于既有建筑问题很大，可以认为当前建筑能耗主要体现为既有建筑的能耗。另外，据统计我国 78% 的既有城镇建筑没有达到建筑节能设计标准，因此既有建筑节能潜力也非常巨大。做好既有建筑节能管理，不仅能够有效地降低建筑能耗，减少全社会的运行成本，还可以极大地改善广大老百姓的居住舒适性，实现建筑在全寿命使用周期内的低消耗和低排放，这对我国实现节能减排目标，促进低碳绿色发展具有重要的作用。

国家和重庆都十分重视既有建筑节能管理工作，《节约能源法》《民用建筑节能条例》和《重庆建筑节能条例》均对建设主管部门开展既有建筑节能管理的工作内容作出了专门规定，其核心是：

①有计划、分步骤、因地制宜地推进既有建筑的节能改造工作；

②以既有公共建筑，特别是国家机关办公建筑和大型公共建筑为重点，建立节能运行监管体系和室内温度控制制度，落实能耗统计、能源审计、能效公示和能耗定额以及超限定额加价制度，实现既有建筑的节能运行管理。

4.1 能耗统计

4.1.1 能耗统计的定义

能耗统计是指按照《民用建筑能耗和节能信息统计报告制度》要求，在住房和城乡建设部的统筹指导下，地方建设行政主管部门对民用建筑的基本信息和建筑能耗信息进行定期收集、存储和上报工作。民用建筑基本信息主要包括民用建筑的建筑面积、建筑类别、结构形式等。建筑能耗信息主要指建筑的使用能耗情况，主要包括建筑采暖、制冷、照明以及主要用能设备的耗能情况。建筑和建筑能耗的基本信息是政府制定建筑节能政策和技术措施的依据和基础。由于历史原因，我国建筑节能主要基础数据没有建立专门的统计制度，数据缺失已影响到建筑节能工作的深入开展。通过开展能耗统计，可有效掌握各类建筑的能耗变化趋势和节能运行水平，为加强节能管理和深入开展既有建筑节能改造提供有效的信息来源，为制定建筑节能标准和开展建筑节能效果评价提供基础支撑。同时，对建筑的所有权人或使用人而言，可以获得建筑能效水平的基本信息，有利于引导实现"行为节能"。

4.1.2 能耗统计的主要内容

1) 能源统计的组织体系

能源统计的组织体系如图 4.1 所示。

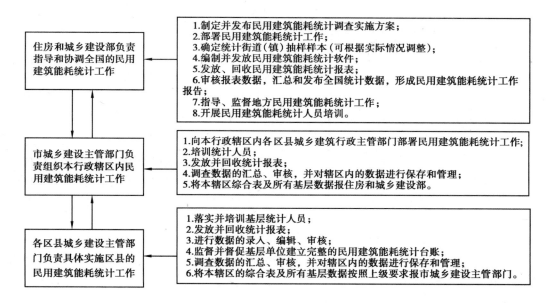

图 4.1 能源统计的组织体系图

2)能源统计的工作流程

能源统计的工作流程如图 4.2 所示。

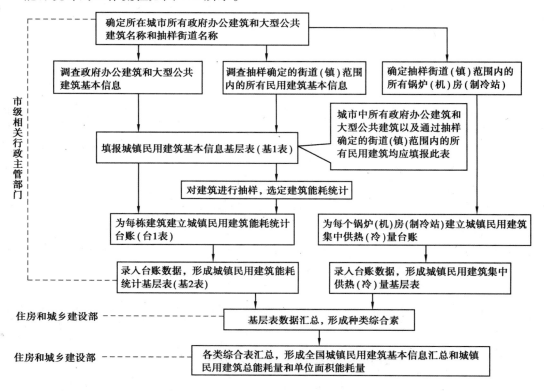

图 4.2 能源统计的工作流程

3）重庆市开展能耗统计的基本要求

开展能耗统计工作主要依据《民用建筑能耗和节能信息统计报表制度》（建科函〔2010〔〕31）的规定执行。同时，要重点落实以下工作要求：

（1）统计内容

重庆市将重点开展城镇民用建筑能耗和节能信息统计。有条件的区县可先行开展农村居住建筑能耗信息统计。

城镇民用建筑能耗和节能信息统计包括城镇民用建筑基本信息和能耗信息、能耗统计建筑集中供热（冷）信息和建筑节能信息三方面内容。其中，建筑节能信息包括当年完成竣工验收的新建建筑、完成节能改造的既有建筑，以及可再生能源规模化应用的建筑三部分内容。

（2）统计对象

①各类民用建筑，包括国家机关办公建筑、大型公共建筑、中小型公共建筑和居住建筑（含商住两用混合建筑）。

②为民用建筑提供集中供热（冷）的锅炉房（热电厂、热力站）、制冷站。

③当年新增竣工验收的新建建筑、进行节能改造的既有建筑，以及可再生能源规模化应用的建筑。

（3）统计方式

采取全面统计和抽样统计相结合的方式。其中国家机关办公建筑、大型公共建筑的基本信息和能耗信息统计采取全面统计调查方式；居住建筑和中小型公共建筑的基本信息和能耗信息统计采取抽样统计调查方式；能耗统计建筑集中供热（冷）信息统计采取全面统计调查和抽样统计调查方式；建筑节能信息统计采取全面统计调查方式。

（4）统计范围

统计范围为城关镇以上（含城关镇）的镇乡级区域。其中居住建筑和中小型公共建筑的基本信息和能耗信息统计范围按以下方式确定：各区县（自治县）城乡建设主管部门根据行政区划代码对辖区内的全部街道（或城关镇）进行排序，并按照《报表制度》规定的原则随机抽取不少于10%的街道（或城关镇）作为统计范围。各区县（自治县）城乡建设主管部门组织对抽样确定的街道（或城关镇）范围内的所有居住建筑和中小型公共建筑的基本信息进行统计调查，并按《报表制度》的原则确定样本建筑，开展能耗信息统计。

（5）报送时间

统计报表的报告期为年报或两年报。其中居住建筑和中小型公共建筑相关统计内容的报告期为两年报，其他统计内容报告期为年报。

4.2 国家机关办公建筑和大型公共建筑节能监管体系建设

4.2.1 公共建筑的节能运行监管体系建设的背景

民用建筑分为居住建筑和公共建筑。公共建筑包含办公建筑（如写字楼、政府部门办公楼等)、商业建筑(如商场、金融建筑等)、旅游建筑(如旅馆饭店、娱乐场所等)、科教文卫建筑(包括文化、教育、科研、医疗、卫生、体育建筑等)、通信建筑(如邮电、通讯、广播用房)以及交通运输用房(如机场、车站建筑等)。根据用能特点,公共建筑可划分为普通公共建筑和大型公共建筑。大型公共建筑是指单体建筑面积超过 2 万 m^2 且使用集中空调系统的公共建筑。据推算,我国现有公共建筑面积约45亿m^2,为城镇建筑面积的27%,占城乡房屋建筑总面积的10.7%。相对居住建筑,公共建筑特别是大型公共建筑具有能耗高的特点,据统计国家机关办公建筑和大型公共建筑年耗电量约占全国城镇总耗电量的22%,每平方米年耗电量是普通居民住宅的 10~20 倍,是欧洲、日本等发达国家同类建筑的 1.5~2 倍,节能潜力很大。因此,做好国家机关办公建筑和大型公共建筑节能管理意义重大。《关于加强国家机关办公建筑和大型公共建筑节能管理工作的实施意见》(建科〔2007〕245 号)提出:"逐步建立起全国联网的国家机关办公建筑和大型公共建筑能耗监测平台,对全国重点城市重点建筑能耗进行实时监测,并通过能耗统计、能源审计、能效公示、用能定额和超定额加价等制度,促使国家机关办公建筑和大型公共建筑提高节能运行管理水平,培育建筑节能服务市场,为高能耗建筑的进一步节能改造准备条件。"

4.2.2　节能运行监管体系的主要内容

大型公共建筑节能运行监管体系的核心内容是对政府办公建筑和大型公共建筑建立能耗统计、能源审计、能效公示、用能定额以及超定额加价制度。目标是以监管推动节能运行管理水平,实现建筑的节能运行,依靠政策导向和信息引导市场化节能改造,以监管促进节能市场化,逐步培育和完善节能市场。

具体来说,大型公共建筑节能运行监管体系是指采取分项计量的方式,度量建筑的各类能源消耗以及各个子系统的能耗情况。在此基础上,进行能源审计,评估建筑物能源利用效率等,并向社会予以公示。建立节能监管体系,既为下一步节能运行提供基础数据,也能够有效地促使建筑业主关心能耗情况,激励业主自主节能。

建筑能源审计是一项有效的能源管理工具,是受政府主管部门或业主授权的专职能源审计机构或具备资格的能源审计人员对建筑的部分或全部能耗活动进行检查、诊断、审核,对能源利用的合理性做出评价,并提出改进措施的建议,以增强政府对用能活动的监控能力和提高建筑能源利用效率。

能效公示是由政府定期在权威的媒体上将大型公共建筑的建筑能耗、建筑能效信息向社会公开发布。能效公示的内容包括建筑基本信息、总能耗、总水耗、单位能耗、单位水耗和能效水平等指标,能效公示必须以能耗统计和能源审计为基础。

所谓大型公建运行能耗的定额管理就是对大型公建的各类用能系统分别确定其用能定额,每年根据各用能系统对实际用能状况进行考核,超出时对超出部分加倍收费,节约时给予适当奖励。

超定额加价是对建筑节能运用市场规律,采用价格机制,通过对建筑能耗进行累进加价,提高能源使用的成本,以便促使高耗能建筑主动加强节能运行管理和节能改造。

4.2.3　能耗监测平台建设的主要内容

我国大型公共建筑节能监管体系是以全面建立能耗监测平台为手段,以能效公示制度为核心,能耗统计为基础,能源审计为技术支撑,用能定额与超定额加价为经济杠杆的综合性体系。

公共建筑能耗监测平台是指对重点用能建筑安装分项计量装置,通过远程传输等手段及时采集能耗数据,实现重点用能建筑能耗的实时动态监测;对能耗统计、能源审计等基本信息实现全国联网,进行汇总分析。

1)能耗监测平台的主要功能

能耗监测平台可以实现的主要功能包括:能耗数据采集,能耗数据上传、接收和存储,能耗数据处理分析与实时动态监测。

(1)能耗数据采集

采集内容包括建筑物的水、电、燃气、热等各种能耗指标,采集间隔可根据需要进行设置。主要措施是安装分项计量装置。所谓用电分项计量就是对大型公建中的各路用电分别计量,把照明、办公设备、电梯、空调设备等用电系统分开,每座建筑划分出 20 ~ 40 个不同性质的用电回路,即可清楚地了解各个有电分系统的耗电状况。同时,通过专用设备实时采集各个电表的用能数据,并把这些数据随时传输到用能管理中心(数据中心)。

用能分项计量可以把不同系统的能耗分开,从而明确各系统的实际耗能情况、节能潜力大小和总节能量的贡献,使节能工作从目前粗放的定性管理模式转变为科学的定量化管理模式。

(2)能耗数据传输和存储

能耗数据传输和存储是指将各计量表输出的数据汇总、打包、压缩、加密后传输到数据中心,再对数据进行解压、解密和还原入库。数据远程传输组网方式主要有"无线""有线""无线 + 有线"三种方式。

(3)能耗数据处理分析

针对各种能耗指标,通过不同层面的处理分析,可以得到各种能耗指标和能耗变化的图表和曲线。例如:单体建筑的总能耗和单位面积能耗指标,不同季节不同气候下建筑能耗和分项能耗构成的变化情况,不同地区的能耗平均值以及能耗水平的综合分布情况。针对同一幢建筑物,对改造前后的能耗数据进行对比分析,结合效益分析模型,给出改造的经济效益评价。

(4)实时动态监测

实时动态监测的目的是总结其运行经验和节能措施,为逐步获得该类型建筑的参考合理用能水平奠定数据基础;对高能耗建筑进行动态监测和能耗数据的统计分析,可以为其提供运行管理方面的建议。

2)能耗监测平台的组成

能耗监测平台主要包括分项计量装置、数据采集系统、数据远程传输系统、数据存储和分析系统。组成如图 4.3 所示。

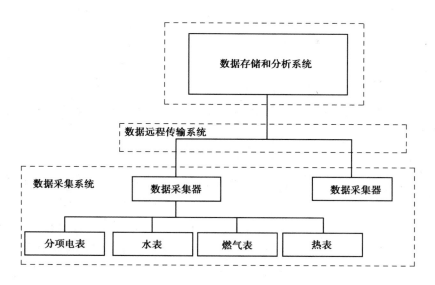

图4.3 能耗监测系统组成

3）重庆市能耗监测平台建设组织模式

重庆市级大型公建监测平台工作由重庆市城乡建设委员会和市财政局牵头，会同市统计局、市级机关事务管理局、市教委、市交委、市国土房管局、市商委、市旅游局、市卫生局、市文广局、市电力公司等相关部门和单位组织实施。其中：

市城乡建设委员会负责牵头推进监管体系建设工作；

市财政局负责协调申请国家资金和地方资金支付及划拨、监管；

市统计局负责对能耗统计工作给予指导和协调；

市机关事务局负责协调组织市级机关办公建筑；

市卫生局负责协调组织我市专科医院、综合医院等医疗卫生建筑；

市商委负责组织协调我市大型商场和超市建筑；

市教委负责协调组织我市校园建筑；

市旅游局负责组织协调我市星级酒店建筑；

市国土房管局负责组织协调我市大型写字楼建筑；

市交委负责组织协调我市交通枢纽建筑；

市文化广电局协调组织我市博物馆、展览馆、纪念馆、影剧院、图书馆等文化场馆建筑；

市电力公司对节能监管体系建设工作提供电力数据支持。

市建筑节能中心负责项目的具体组织实施；市城乡建委信息中心负责能耗数据中心的维护和管理；重庆大学作为技术支撑单位，承担分项计量装置安装方案的技术审查把关，承担能源审计、能效公示的技术分析工作；各区（县）城乡建设主管部门负责落实辖区内被监测的建筑项目，并配合做好分项计量装置安装以及能耗数据采集的协调工作。

4.3 既有建筑节能改造

既有建筑节能改造,是指对不符合民用建筑节能强制性标准的既有建筑的围护结构、供热系统、采暖制冷系统、照明设备和热水供应设施等实施节能改造的活动,是建筑节能工作的重要组成部分。

4.3.1 实施既有建筑节能改造的意义

建筑能耗在我国能源消耗总量中的比例很大,究其原因:一是建筑围护结构(墙体、门窗、屋面等)保温隔热性能差;二是采暖和空调系统效率低,节约潜力十分巨大。如果对目前城市中不符合节能标准的既有建筑都实行节能改造,据测算,每年即可节约 3 500 万 t 左右的标煤;同时按照 100 ~ 200 元/m² 的改造费用计算,既有建筑节能改造市场蕴含了巨大的商机。对既有建筑实施节能改造已成为建筑节能工作的主要内容。《节约能源法》《民用建筑节能条例》均对既有建筑节能改造的原则、实施步骤、技术方案和融资渠道等作出了详细规定,把既有建筑节能改造纳入了依法管理的轨道。

目前,重庆市既有建筑已达 4.7 亿 m²,大多数建筑由于历史原因,未采取有效的建筑节能措施,建筑热环境差,亟待进行改造。同时,据调查,重庆市市级机关办公楼能耗密度为每年 132 kW·h/m²,年人均耗电量 2 598 kW·h,是城镇居民的 10.6 倍,农民的 36 倍。因此,实施既有建筑节能改造,特别是国家机关办公建筑和大型公共建筑的节能改造,对实现重庆节能减排目标具有十分重要的现实意义。

4.3.2 国家及重庆对既有建筑节能改造的要求

1)既有建筑节能改造原则

既有建筑节能改造应当根据当地经济、社会发展水平和地理气候条件等实际情况,有计划、分步骤地实施分类改造。——《民用建筑节能条例》第二十四条

根据《节约能源法》第四十条、《民用建筑节能条例》第四条、第二十八条、第二十九条和《重庆市建筑节能条例》第二十四条的规定,既有建筑节能改造同时应当遵循下列原则:一是技术可行,经济合理;二是建筑围护结构改造应当与用能系统改造同步进行;三是符合建筑节能强制性标准要求;四是确保结构安全,不影响建筑使用功能;五是充分考虑采用可再生能源;六是优先采用遮阳、改善通风等低成本改造措施;七是对公共建筑进行节能改造,还应当安装室内温度调控装置和用电分项计量装置。

2)既有建筑节能改造实施

(1)政府责任

既有建筑节能改造实施流程如图 4.4 所示。

县级以上地方人民政府建设主管部门应当对本行政区域内既有建筑的建设年代、结构形式、用能系统、能源消耗指标、寿命周期等组织调查统计和分析,制订既有建筑节能改造计

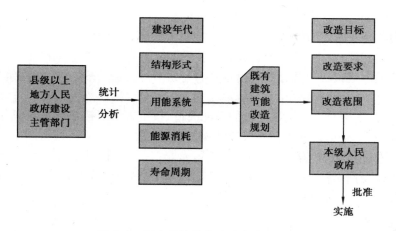

图4.4 既有建筑节能改造实施流程图

划,明确节能改造的目标、范围和要求,报本级人民政府批准后组织实施。——《节约能源法》第三十四条、《民用建筑节能条例》第二十五条

重庆市建设行政主管部门应当会同有关部门依照国家要求和本市建筑节能专项规划,提出全市既有建筑节能改造的分步实施计划,报市人民政府批准后,由市有关部门和区县(自治县)人民政府组织实施。——《重庆市建筑节能条例》第二十五条

(2)改造重点

既有民用建筑节能改造应当将国家机关办公建筑和大型公共建筑作为重点。其他公共建筑和居住建筑的建筑节能改造应当在尊重所有权人意愿的基础上逐步实施。——《重庆市建筑节能条例》第二十六条

国家机关办公建筑、政府投资和以政府投资为主的公共建筑的节能改造,应当制定节能改造方案,经充分论证,并按照国家有关规定办理相关审批手续方可进行,如图4.5所示。居住建筑和前款所述以外的其他公共建筑不符合民用建筑节能强制性标准的,在尊重建筑所有权人意愿的基础上,可以结合扩建、改建,逐步实施节能改造。——《民用建筑节能条例》第二十六条、第二十七条

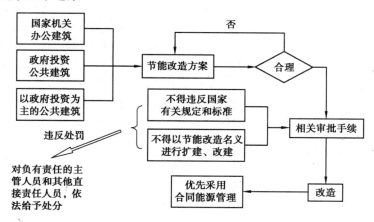

图4.5 国家机关办公建筑和大型公共建筑节能改造实施流程图

（3）经费来源

国家机关办公建筑的节能改造费用，由县级以上人民政府纳入本级财政预算。居住建筑和教育、科学、文化、卫生、体育等公益事业使用的公共建筑节能改造费用，由政府、建筑所有权人共同负担。国家鼓励社会资金投资既有建筑节能改造。——《民用建筑节能条例》第三十条

鼓励多元化、多渠道投资民用建筑的节能改造，投资人可以按协议分享民用建筑节能改造所获得的收益。——《重庆市建筑节能条例》第二十六条

县级以上人民政府应当安排民用建筑节能资金，用于支持既有建筑围护结构和供热系统的节能改造；政府引导金融机构对既有建筑节能改造等项目提供支持。——《民用建筑节能条例》第八条、《重庆市建筑节能条例》第三十二条

3）既有建筑节能改造效果评价

既有建筑节能改造工程竣工后，建筑物所有权人可以向建设行政主管部门申请建筑能效测评。经测评达到建筑节能强制标准要求的，根据测评结果发给相应的建筑能效标识和证书。——《重庆市建筑节能条例》第二十七条

4.3.3 既有建筑节能改造的主要内容

1）围护结构

墙体优先采用外墙外保温；门窗宜采用中空玻璃、低辐射（Low-E）玻璃，安装遮阳设施等；屋面可采用保温材料增加保温层厚度。

2）用能系统

①提高用能设备的效率，包括空调、通风、电梯、照明等设备。
②降低输送设备能耗，包括风机、水泵等。

4.3.4 重庆实施既有建筑节能改造的主要措施

由于重庆既有建筑普遍存在建成年代多样、产权形式复杂、结构形式各异的特点，加之缺乏调动既有建筑所有权人进行改造积极性的激励措施，实施难度很大。但根据建筑节能相关法律、法规的要求，重庆各级城乡建设主管部门应结合实际积极推进既有建筑节能改造的相关工作。

1）加强统筹规划

认真组织开展本地区既有建筑能耗现状调查，摸清既有建筑能耗现状，研究制订既有建筑节能改造的实施计划，进一步明确推进既有建筑节能改造的目标、步骤、措施，有计划、有步骤、分阶段地推进既有建筑节能改造工作。

2）加强工程示范

通过合同能源管理模式，加大国家机关办公建筑和大型公共建筑节能改造示范工程的

建设力度,并以推进危旧房改造、主城居住区综合整治和城市主干道环境综合整治为契机,力争在整治工程中采用包括高效节能门窗、建筑外遮阳等在内的建筑节能技术措施,树立一批节能效益显著、建筑类型多样的既有建筑节能改造示范工程,扩大示范效应,引导既有建筑节能改造的发展。

3)加强质量监管

一是从设计方案开始,按照外立面更新、外窗隔热与隔声、屋面隔热、外墙保温、建筑遮阳、空调室外机安装规范等要求,把既有建筑节能改造作为旧城改造的重要内容,做到同步设计、同步实施。

二是严格实施建筑节能材料和产品进场复验制度,未经检验合格的材料和产品一律不得应用于既有建筑节能改造工程。

三是高度重视外墙保温工程的防火安全,确保保温材料的防火性能以及存放、施工符合《民用建筑外保温系统及外墙装饰防火暂行规定》。

四是实施既有建筑节能改造应严格履行工程基本建设程序。改造设计方案应报建设主管部门审批后方可组织实施;施工单位应结合改造施工过程中有业主生产生活的特殊情况,制订专项施工方案,加强施工过程管理;监理单位应认真履行工程质量监理职责,对关键环节和部位以及隐蔽工程的施工进行旁站监理,确保工程质量。

4)加强宣传培训

充分借助电视、报纸、网络等媒体,加强既有建筑节能改造宣传,营造良好舆论氛围,增强公众参与节能改造的主动性和积极性,并开展既有建筑节能改造技术培训,提高广大业主单位以及设计、施工、监理单位从业人员实施既有建筑节能改造的能力和水平。

4.4 室内温度控制制度

室内温度控制是指利用空调系统进行室内供冷和供热房间的空气温度控制,使之不超过规定的限制标准。

4.4.1 实施室内温度控制制度的意义

随着我国经济社会的快速发展,空调已普遍应用于民用建筑,在改善人们生产生活条件的同时,也消耗了大量能源。特别是多年以来,我国公共建筑的空调管理比较粗放,空调温度设置不尽合理,导致能效不高,造成能源资源浪费,增加了环境压力,与建设资源节约型、环境友好型社会的目标不相适应。就重庆市而言,据统计城镇居住和公共建筑的空调制冷采暖能耗每年高达66.44亿 kW·h,约占重庆市全年总用电量的26%。在冬夏季空调使用高峰期其用电量可达到全市用电量的40%左右。与此同时,我国的空调节能潜力巨大,据测算空调温度每提高1 ℃,空调耗电量将节约5%~8%。且实践表明,人体感觉舒适的室内温度夏季在24~28 ℃,冬季在18~22 ℃,控制室内温度也有利于身体健康。因此,合理设置室内温度,科学管理空调的运行,既能提供比较健康、舒适的室内环境,满足正常的工作、生活和学习需要,又能节约能源,保护生态环境,是一件利国利民的好事。加强空调使用环节的节能环保工作,已日渐成为世界各国的普遍共识和通行做法。

4.4.2 国家及重庆对室内温度控制的要求

《节约能源法》第三十七条:"使用空调采暖、制冷的公共建筑应当实行室内温度控制制度。具体办法由国务院建设主管部门制定。"

国务院办公厅《关于严格执行公共建筑空调温度控制标准的通知》(国办发〔2007〕42号):"所有公共建筑内的单位,包括国家机关、社会团体、企事业组织和个体工商户,除医院等特殊单位以及在生产工艺上对温度有特定要求并经批准的用户之外,夏季室内空调温度设置不得低于 26 ℃,冬季室内空调温度设置不得高于 20 ℃。"

依据《节约能源法》和《国务院办公厅关于严格执行公共建筑空调温度控制标准的通知》,住房和城乡建设部颁布了《公共建筑室内温度控制管理办法》,对使用空调采暖、制冷的公共建筑的室内温度进行严格的限制。

《重庆市建筑节能条例》第二十九条:"对空调采暖、制冷的公共建筑,实行室内温度控制制度。"

4.4.3 各方主体的责任

(1)设计单位

①新建公共建筑空调系统设计时,应严格按照《公共建筑节能设计标准》的相关条款进行设计。

②空调房间均应具备温度控制功能。主要功能房间应在明显位置设置带有显示功能的房间温度测量仪表;在可自主调节室内温度的房间和区域,应设置带有温度显示功能的室温控制器。

③选用具有温度设定及调节功能的空调制冷设备,可根据建筑负荷需求调节供冷与供热量,维持室内温度在设定值。

(2)施工图设计文件审查机构

在施工图纸审查过程中,应进行室内温度监测和控制系统的设计审查,提出审查意见。

(3)建筑所有权人或使用人

①选用具有温度设定及调节功能的空调制冷设备,严格禁止选用不符合节能要求的产品。

②改造项目大于 2 万 m^2 的,应进行温度自动监测与控制的改造;小于 2 万 m^2 的,改造后应具备温度监测与控制手段。

③委托具有设计资质的单位进行温度监测与控制设施的改造设计,相关文件应向施工图设计文件审查机构备案。

④采购具有产品合格证和计量检定证书的温度监测和控制设施(室内温度测量仪表测量最小分辨率为 0.1 ℃,其准确度等级不应低于 0.5 级),并进行调试。改造完成后应进行竣工验收。

⑤在室外温度适宜的过渡季节,应尽可能利用开窗自然通风的方式调节室内温度,减少空调使用时间。一般情况下,空调运行期间禁止开窗。

⑥设立专职人员,负责建筑能源管理,包括室内温度监测及空调系统节能运行管理,并实行岗位责任制。

⑦建立定期节能技术培训和教育制度,定期对工作人员开展节能运行培训。培训记录经单位主管部门负责人签字后备案。

(4)建筑运行管理单位

①建立完善的室温监控及空调系统节能运行管理制度,对室内温度、空调系统运行的各项参数、空调系统的能耗进行日常监测记录。运行记录文件应经单位能源管理负责人签字后备案。

②主要功能房间明显位置装设温度测量仪表,显示房间空调温度,接受社会监督。

③在空调系统运行期间应根据相关规定对温度测量仪表进行校验和校准工作。

④对集中空调系统进行调节,实现按需供冷与供热。当室内温度超出限定标准时,应进行整改。

(5)空调运行管理、操作和维修人员

具备相应的职业资格证及上岗证。上岗前要有不少于2周时间的节能培训和教育。

4.4.4 监督管理

(1)实施主体

国务院住房和城乡建设行政主管部门负责全国公共建筑室内温度控制工作的监督与管理。地方建设行政主管部门负责本辖区公共建筑室内温度控制工作的监督与管理。

各级建设行政主管部门应将公共建筑室内温度控制工作纳入到节能减排工作目标责任体系,并对实施情况进行监督考核。

(2)监督检查办法

县级以上建设行政主管部门应会同有关机构,在每年空调系统正常运行期间,抽取一定数量建筑,采用文件检查及实际测量的方式,对公共建筑使用单位执行室内温度控制制度的情况进行监督和检查,并定期将检查结果进行公布。对于严格执行公共建筑空调温度控制标准,具有完善节能运行管理制度的建筑所有权人或使用人予以表扬。否则予以批评,并责令限期整改。如图4.6所示。

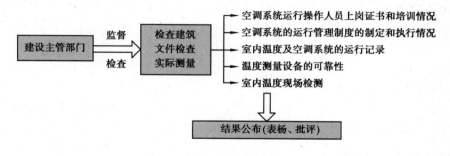

图4.6 监督管理流程图

（3）监督检查内容

①空调系统运行操作人员上岗证书和培训情况。

②空调系统的运行管理制度的制定和执行情况。

③室内温度及空调系统的运行记录。

④温度测量设备的可靠性,应满足本办法规定的分辨率、准确度的要求,以及计量校准证书。

⑤室内温度现场检测。现场检测机构应具有相应检测资质,并对现场检测结果承担法律责任。

第5章 可再生能源建筑应用管理

5.1 可再生能源建筑应用概述

5.1.1 可再生能源建筑应用概念

可再生能源是指从自然界获取的、可以再生的非化石能源,包括太阳能、水力能、风能、生物质能、地热能和潮汐能等。建筑行业是可再生能源应用的重要领域,应用较多的是地热能、太阳能、生物质能等。

当前重庆的可再生能源建筑应用主要指在建筑中利用水源热泵技术(以长江、嘉陵江、乌江,市内其他河流、湖泊、水库、污水等水体作为冷热源)、土壤源热泵技术进行供冷供热、提供生活热水以及太阳能光电光热建筑一体化应用等。

5.1.2 可再生能源建筑应用的意义

(1)应对气候变化,实现低碳发展的时代要求

现代社会的发展面临着化石资源短缺与全球气候变化两个严重的问题,以提高能源利用效率和转变能源消费结构为核心的低碳经济,逐渐替代传统高能源消耗的"化石能源"发展模式,成为世界经济发展的一个重要趋势。发展可再生能源在建筑中的应用是建设领域实现低碳发展的有效途径。

(2)加快转变经济发展方式,实现科学发展的现实需要

当前我国正处于加速发展的关键时期,传统的粗放型经济发展方式将难以为继。《我国国民经济和社会发展十二五规划纲要》明确提出"以加快转变经济发展方式为主线,是推动科学发展的必由之路"。可再生能源建筑应用的相关产业作为高新技术和新兴产业,已逐步成为一个新的经济增长点,可有效拉动相关产业的发展,对调整产业结构、促进经济发展方式转变、推进经济和社会的又好又快发展意义重大。

(3)完成节能减排战略任务的有力抓手

随着我国城镇化和后工业化进程的加快,以及人们对建筑舒适性要求的不断提高,建筑用能的需求急剧攀升,并将成为能源需求增长的重要因素。而要实现十二五时期单位国内生产总值能源消耗降低16%,单位国内生产总值二氧化碳排放降低17%的目标;节能减排工作面临的形势较为严峻。因此,推进可再生能源的建筑应用,既是改善民生、提高居住环境品质,同时又是实现节能减排目标任务的必然选择。

5.2 重庆市可再生能源建筑应用的现状

重庆市可再生能源建筑应用的主要技术类型如图5.1所示。

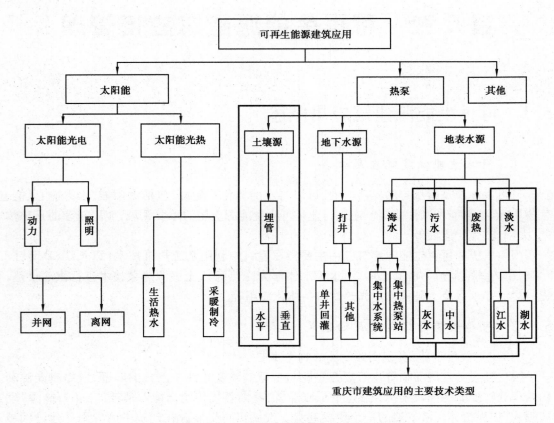

图5.1 可再生能源建筑应用的主要技术类型

5.2.1 重庆市发展可再生能源建筑应用的资源状况

1)浅层地能资源

浅层地能是指地表以下一定深度范围内(一般为恒温带至 200 m 埋深),温度低于 25 ℃,在当前技术经济条件下具备开发利用价值的地球内部的热能资源。广义的浅层地能是指地球浅表层数百米内的土壤砂石、地下水、地表水中所蕴藏的低温热能。

(1)地表水源

重庆地域内水资源总量年均超过 5 000 亿m³,绝大多数是以江河为主的地表水。其中长江、嘉陵江等流经重庆地区的入境水形成的地表水约 4 600 亿m³,长江干流自西向东横贯全境,流程长达 665 km。据寸滩水文资料统计,长江多年平均流量 10 930 m³/s,长江及嘉陵江河段夏季水温为 19~26 ℃,冬季为 9~16 ℃,这一温度范围是适合于水源热泵运行的。与长江中下游其他城市相比,重庆长江水温夏季较低冬季较高,更有利于水源热泵系统的应用,如图 5.2 所示。重庆主要河流图如图 5.3 所示。

三峡水库蓄水以及国家加大对长江上游及库区的水污染治理和生态建设后,长江水体的悬浮物和含沙量呈逐年下降趋势。根据长江上游水文水资源勘测局在 2008 年 6 月到 2009 年 3 月对长江、嘉陵江水质监测结果表明,pH、钙、镁、总硬度指标含量比较稳定,不同

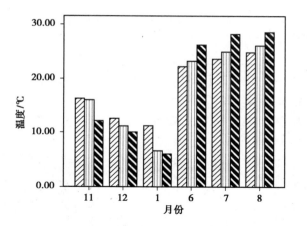

图5.2　重庆与武汉、上海长江水水文比较图

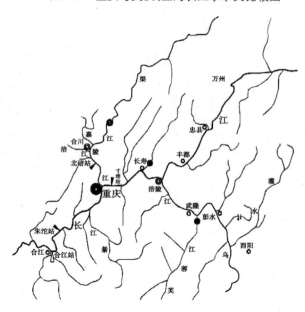

图5.3　重庆主要河流图

水期变化幅度不大,仅有浊度随每年汛期的到来有较大范围的波动,表明重庆地区水环境质量良好,易于处理,处理的重点为除沙。此外,三峡库区蓄水到175 m之后,在支流制造了一批小湖泊,如开县汉丰湖、云阳高阳湖、万州苎溪湖等。同时,重庆分布着大中型水库共计62座,其中大型水库5座、中型水库57座。2006年末总蓄水量为14.30亿m³,其中5座大型水库蓄水量9.02亿m³,57座中型水库蓄水量为5.28亿m³。以上丰富的水资源为重庆大规模推广地表水水源热泵系统创造了有利条件。

（2）土壤源

重庆市主城区地质结构如图5.4所示。重庆市浅层地层构造主要是以表面的杂填土层,下部砂、泥岩互层的形式为主。杂填土层的热物性稍差,但一般厚度不超过8 m;下部砂、泥岩互层的平均导热系数大都在2.0～2.55 W/(m·℃),热物性很好。重庆地下水丰富,又以脉状裂隙水、基岩裂隙水为主要存在形式,非常有利于地埋管的传热和地下热平衡。地下岩土层相对空气具有温度全年恒定、冬暖夏凉的特点,距地表 10～200 m 平均温度终年保持在 20 ℃左右。相比传统空调,土壤源热泵可以获得更高的蒸发温度和更低的冷凝温度,机组能效平均提高 30%～40%。由于重庆地区地质构造,单 U 形式地下竖直埋管换热器单位井深换热量一般在 60 W/m(夏季)和 33 W/m(冬季)左右,双 U 形式地下竖直埋管换热器单位井深换热量一般在 70 W/m(夏季)和 45 W/m(冬季)左右,比一般的黏土性岩土结构换热能力更强,具有很高的能源利用价值。

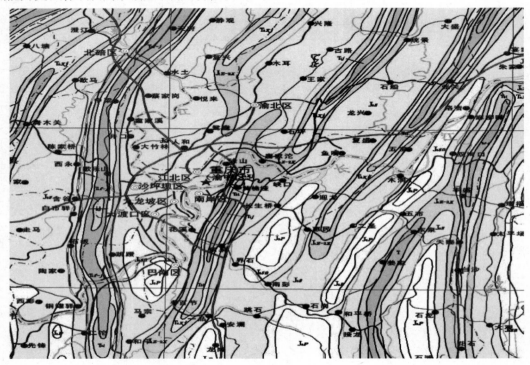

图 5.4　重庆市主城区地质结构图

土壤源热泵的增量投资主要为钻孔和地埋管费用。重庆地质条件好,地层钻孔难度小,综合费用不高,初投资回收期一般可控制在 6～10 年,使得重庆发展土壤源热泵技术具有较大潜力。此外,土壤源热泵机组夏季不会向周围空气环境排废热,冬季不需要除霜,无废水、废气、噪声等污染,节能效益与环保效益突出。

(3)城市污水

重庆市主城区居住人口约 700 万人,庞大的城市人口产生了大量生活污水。主城区生活污水在 2007 年排放量达到 65 238 万 t,日排放量 178.7 万 t。城市污水温度受气候影响小,具有冬暖夏凉的特性。庞大而稳定的污水资源,为重庆污水源热泵技术的推广应用提供了良好的资源条件。重庆市主城区污水温度全年变化如图 5.5 所示。

2)太阳能资源

重庆地区丘陵山地多,地貌形态复杂,云雾多,日照少。各地全年的日照时数大部分地

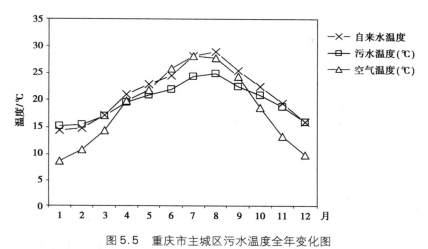

图5.5 重庆市主城区污水温度全年变化图

区在 1 100 ~ 1 300 h,东北部地区是一个高值区,忠县以东地区在 1 300 h 以上,巫溪、奉节和巫山等地多达 1 500 h。全市累年平均日照时数为 1 233.7 h,日照时数以八月最多,达 210.8 h;我市年太阳总辐射量在 3 200 ~ 3 900 MJ/m² 。从地域分布来看,东部地区较多,在 3 500 MJ/m² 以上;巫溪、奉节等地最多,在 3 700 MJ/m² 以上;中西部较少,在 3 500 MJ/m² 以下;其中重庆主城区在 3 400 MJ/m² 左右。总体来说,重庆市太阳能资源条件较差,但是在夏季,太阳能资源却相对丰富,6—10 月约有 60% 的时间达到了三类地区的水平,在这些月份里,太阳能资源的可利用程度较高。同时,我市东部地区,例如巫溪、奉节和巫山等地太阳能资源分布相对丰富,具有较高的利用价值。

3)生物质能

重庆生物质能资源主要有农作物秸秆、树木枝桠、畜禽粪便等。其中,农村秸秆资源年产量在 1 080 万 t(实物量)左右,实际每年用作农民生活燃料的农作物秸秆在 864 万 t 左右;全市森林覆盖率 27% ,已形成年产 736.62 万 t 薪柴开发能力,还有疏林地、灌木林地及未成林造林地;粪便主要由牲畜产生,市内养殖业年存栏生猪当量约为 1 558 万头,以每头成年猪产鲜粪 4kg/天计,年产生畜禽粪便可达 2 243 万 t。

4)其他可再生能源资源

在我国省会以上城市中,重庆的温泉资源最为富集,且品质优良、类型多样、点多面广,具有巨大的开发潜力和广阔的市场前景。重庆温泉水蕴藏面积达 10 000 多 km²,其中主城都市圈约为 5 000 km²。目前,已发现温泉 40 多处,日产温泉 50 000 m³,已被开发利用 20 余处,主城区就有 10 余处。在世界上,只有被誉为"温泉之都"的匈牙利布达佩斯的温泉量可以与重庆相比。目前重庆市的温泉主要用来洗浴,在洗浴后排放掉的温泉废水中仍然留有大量的热能,采用热泵等技术,充分提取废水中的热能,可提高温泉资源的利用率。

5.2.2 重庆市可再生能源建筑应用工作的现状

1) 工程应用现状

重庆自 2006 年启动了水源热泵、土壤源热泵等可再生能源建筑应用试点示范工作,组织实施了南滨路世纪会娱乐城、北碚江舟渔港、金科天湖美镇 3 个可再生能源建筑应用试点项目。

2007 年,重庆开始实施可再生能源建筑应用工程示范,现已组织实施了重庆大剧院、开县人民医院等 6 个国家可再生能源建筑应用示范项目,示范面积近 50 万 m^2;组织实施了彭水乌江明珠大酒店等 4 个市级可再生能源建筑应用示范项目,示范面积近 8 万 m^2。目前,重庆大剧院和开县人民医院已通过国家验收,节能率均达到 30% 以上,节能示范效果明显。

2009 年,重庆获批成为国家可再生能源建筑应用示范城市,截至 2011 年 4 月,在前期项目的基础上,重庆又新组织实施了 18 个示范面积共计 314 万 m^2 的示范工程,可再生能源建筑应用在重庆已呈规模化发展的势头。

2010 年,巫溪县和云阳县成功申请国家可再生能源建筑应用农村地区县级示范,重庆可再生能源建筑应用工作正向农村地区纵深推进。

重庆市可再生能源建筑应用示范项目分布如图 5.6 所示。

图 5.6 重庆市可再生能源建筑应用示范项目分布图

图5.7 重庆大剧院

图5.8 水源热泵主机

2)产业现状

重庆作为我国重要的工业基地和国防科研生产基地,具有较完整的现代工业生产体系、较强的机械制造能力和零部件加工配套能力。在改革开放之前即形成了较好的制冷工业体系,目前重庆通用公司已与美的集团组建重庆美的通用公司,具备达到国际先进水平的空调核心制冷技术——离心式制冷压缩技术,在中央空调领域拥有独特的技术优势。同时,海尔、格力等国内知名企业集团也在重庆投资兴建工业园,2008年重庆嘉陵制冷空调设备有限公司被住房和城乡建设部批准为可再生能源示范项目产业化基地。重庆空调产业的实力不断得到增强,为热泵技术产业化提供了坚实的产业基础。

在太阳能光伏产业方面,重庆已形成较完整的光伏产业上游的多晶硅、单晶硅冶炼、提纯及切割产业链条,并且建成了国内最大的多晶硅生产基地。

同时,房地产行业的持续稳定发展为可再生能源在重庆地区的推广应用提供了良好的平台。房地产开发投资占全社会固定资产投资的比重已达到26.4%,每年开工建设面积达6 000万 m² 以上。

3)政策现状

2007年,重庆市建委发布了《重庆市可再生能源建筑应用示范工程管理办法》(渝建发〔2007〕105号),并联合市财政局发布了《重庆市可再生能源建筑应用示范工程专项补助资金管理暂行办法》(渝财建〔2007〕427号),明确了重庆市可再生能源建筑应用示范项目的经济激励措施和工程管理要求,建立并实施了可再生能源建筑应用推广制度。

2008年,正式颁布实施的《重庆市建筑节能条例》对可再生能源建筑应用进行了专门的规定:对具备可再生能源应用条件的新建(改建、扩建)建筑或者既有建筑节能改造项目,应当优先采用可再生能源(第十条);市、区县(自治县)人民政府应当从节能专项资金和有关专项资金中安排专门经费,用于支持可再生能源在建筑中的应用(第三十条);市、区县(自治县)人民政府应当引导金融机构对既有建筑节能改造、可再生能源在建筑中的应用、绿色建筑以及更低能耗建筑工程等项目提供支持(第三十二条)。这为重庆市可再生能源建筑应用管理提供了明确的法律依据。

2011年,重庆市城乡建委、市财政局联合发布了《重庆市可再生能源建筑应用城市示范项目管理办法》渝建发〔2007〕25号,明确了在示范城市建设期间对城市示范项目的财政补贴标准,为下一阶段可再生能源建筑应用规模化应用提供了政策支持,将有力保障可再生能源建筑应用工作的持续推进。

4)技术现状

重庆可再生能源建筑应用形式以水源热泵和土壤源热泵两种技术为主。工程实践证明,两种热泵技术都是成熟可靠的可再生能源建筑应用形式,水源热泵和土壤源热泵技术均是通过输入少量的高品位能源(如电能),实现低温位热能向高温位的转移,从而达到为建筑供暖或制冷的目的的一种高效环保节能技术。目前,重庆已完成了国家"十一五"科技支撑计划项目——"长江上游地区地表水水源热泵系统高效应用关键技术研究与示范",对取水—水处理、强化换热机组及输配系统等关键技术、设备进行了系统研究,出台了一系列的水源热泵系统技术标准、规程和图集,包括《地表水水源热泵系统适应性评估标准》《地表水水源热泵系统设计标准》《地表水水源热泵系统施工质量验收标准》《地表水水源热泵系统运行管理技术规程》等。

5)人才队伍现状

通过近几年可再生能源建筑应用的工程试点、示范以及国家"十一五"科技支撑计划项目的实施,重庆已初步培养形成了涵盖科研、设计、施工、设备生产等多方面的可再生能源建筑应用人才队伍。例如重庆大学、重庆市设计院、机械工业第三设计院、中冶赛迪工程技术股份有限公司等市内大型设计院所、科研院校现已形成较强的可再生能源建筑应用技术集成与研发实力。

5.3 重庆市可再生能源建筑应用的管理要求

根据财政部、住房和城乡建设部《关于印发可再生能源建筑应用城市示范实施方案的通知》(财建〔2009〕305号)《关于印发加快推进农村地区可再生能源建筑应用的实施方案的通知》(财建〔2009〕306号)《关于进一步推进可再生能源建筑应用的通知》(财建〔2011〕61号)以及重庆市城乡建委、重庆市财政局《关于印发〈重庆市可再生能源建筑应用城市示范项目管理办法〉的通知》(渝建发〔2011〕25号)(以下简称《管理办法》)等相关文件要求,现将重庆市可再生能源建筑应用管理工作概述如下。

5.3.1 重庆市可再生能源建筑应用城市示范项目管理模式

1)城市示范项目管理各方主体及责任

重庆市城乡建设和财政主管部门作为可再生能源建筑应用城市示范的牵头部门,负责城市示范工作的统一指导和监督管理。

重庆市建筑节能中心承担示范项目的日常管理工作。

各区县城乡建设和财政主管部门负责本地区示范项目的征集、初审及上报工作,负责本地区示范项目的建设推进、组织协调与管理指导,为示范项目的顺利实施创造条件。同时,参与本地区示范项目的可研评审、专项技术审查及验收评估。

2)城市示范项目管理流程

(1)申请

示范项目申报单位向具有管辖权限的区县城乡建设主管部门提交《重庆市可再生能源建筑应用示范项目申请书》,《申请书》的填报应明确项目各方主体、示范的技术类型、项目实施计划等基本情况。区县城乡建设主管部门应对《申请书》进行初审,通过后向重庆市城乡建委提交《申请书》和《重庆市可再生能源建筑应用示范项目可行性研究报告》。《可研报告》应说明项目的概况、示范目标、技术方案的比选、经济社会效益分析以及项目进度安排。

(2)列入实施计划

重庆市城乡建设和财政主管部门委托重庆市建筑节能中心,组织专家对《可研报告》进行评审。评审通过的项目报市城乡建设和财政主管部门批准后列入重庆市可再生能源建筑应用城市示范项目实施计划,并予以公布。

(3)可再生能源建筑应用专项技术审查

重庆市建筑节能中心组织对通过图审机构审查的施工图专项设计文件进行可再生能源建筑应用专项技术审查,达到《可研报告》及相关技术标准要求的,出具专项技术审查同意意见;未达到要求的,申报单位修改后另行组织专项技术审查。

(4)实施过程的监管

重庆市建筑节能中心和具有项目管理权限的区县城乡建设主管部门,应对示范项目实施情况进行及时指导和动态监管。重庆市建筑节能中心应建立示范项目工程建设档案,每月向重庆市城乡建设和财政主管部门书面报告上月示范项目实施情况及日常管理工作情况。

(5)能效检测和验收评估

示范项目在单位工程竣工验收合格后,由申报单位委托检测机构进行能效检测,检测完成后,重庆市城乡建设和财政主管部门组织对示范项目进行验收评估并出具评估报告。

(6)公示和授牌

验收评估达到要求的项目,重庆市城乡建委将在官方网站进行公示,公示时间为10个工作日,公示通过后颁发"重庆市可再生能源建筑应用城市示范项目"证书和标牌。

5.3.2 重庆市可再生能源建筑应用农村地区县级示范管理要求

各可再生能源建筑应用农村地区县级示范的责任主体为当地县人民政府,县城乡建设和财政主管部门为具体的牵头部门,市级城乡建设和财政主管部门负责全市示范县申报组织和示范县建设监督指导工作。

1)申请

县级城乡建设和财政主管部门按照财办建〔2011〕38号文件要求,编写本地区农村可再生能源建筑应用申报材料,并向上级部门提出申请,市城乡建设和财政主管部门初审后择优向国家推荐本市可再生能源建筑应用示范县。

2) 实施及过程监管

示范县申报成功后,县人民政府应委托专业机构编制详细的《可再生能源资源评估报告》;认真遴选示范项目;制定"示范项目管理办法",提出对示范项目在设计、施工、监理、验收等环节的监管措施,明确对关键设备、产品的质量要求;建立示范项目运行监测系统,加强运行管理。

每季度末县城乡建设和财政主管部门应向市城乡建设和财政主管部门报送示范县进展情况,市城乡建设和财政主管部门将不定期对示范县建设情况进行督查。

3) 项目验收评估

县城乡建设主管部门委托能效测评机构对示范项目进行能效测评,参照财办建〔2009〕116号文件要求进行验收。市城乡建设主管部门负责对示范项目进行抽检,抽检面积应在10%以上。

5.3.3 重庆市可再生能源建筑应用集中连片示范区(镇)管理要求

1) 申请

各集中连片示范区(镇)申报单位应按照财办建〔2011〕38号文件要求编写申报材料,经区县、市城乡建设和财政主管部门审核后择优推荐示范区(镇)。

2) 实施及过程监管

市城乡建设和财政主管部门委托区县城乡建设和财政主管部门开展对示范区(镇)建设情况的监督管理。

3) 项目验收评估

市城乡建设和财政主管部门委托区县城乡建设和财政主管部门组织对示范项目进行能效测评和验收工作,验收要求参照财办建〔2009〕116号文件执行。市级城乡建设主管部门负责对示范项目进行抽检,抽检面积应在10%以上。

5.4 重庆市可再生能源建筑应用的激励措施

为推动可再生能源在建筑中的应用,《管理办法》第七条规定"示范项目的申报单位应为具有独立法人资格、实施能力及良好资信的项目建设单位或能源服务公司",激励的对象主要为可再生能源建筑应用需求的开发建设单位和能源服务公司。重庆主要通过各级政府对项目进行财政资金的补贴来激励该项工作。财政补贴资金除来源于国家财政补贴外,还包括市级财政以及区县财税、政策等配套激励措施。对于城市示范的项目,《管理办法》第二十二条规定:

①采用水源及土壤源热泵系统供冷供热(含供应生活热水)的示范项目按照核定的示范面积进行补贴,其中公共建筑补贴标准为 50 元/m²,居住建筑补贴标准为 30 元/m²。

②采用水源及土壤源热泵系统单独供应生活热水的示范项目,补贴标准为 15 元/m²。

③太阳能光电建筑一体化应用项目按照 15 元/瓦(装机容量)进行补贴;太阳能光热建筑一体化应用项目按照 15 元/m²(示范面积)进行补贴。

④其他类型示范项目及区域集中供冷供热示范项目补贴标准由市城乡建设委员会同市财政局根据项目实际情况单独核定。

⑤对未按程序进行申报,但已实施完毕的可再生能源建筑应用项目,在满足示范项目要求的基础上,按照相关管理办法进行能效测评,通过后按上述补助标准的 50% 进行奖励。

对于依托"示范县"或"示范区"建设启动实施的示范项目,除国家和区县配套财政补贴资金外,各地可根据实际创新激励措施。

5.5　重庆市可再生能源建筑应用的前景展望

"十二五"期间,国家将进一步加大可再生能源建筑应用的推广力度,调整完善相关政策,探索强制性推广可再生能源建筑应用的相关措施,加快城乡建设模式的转型升级。为促进重庆可再生能源建筑应用在"十二五"实现跨越式发展,在出台的《重庆市建筑节能"十二五"专项规划》和《重庆市可再生能源建筑应用"十二五"规划》中,重庆对下一阶段可再生能源建筑应用工作进行了系统思考、科学谋划,提出了到 2015 年可再生能源建筑应用的指导思想、发展目标、重点领域和保障措施。

"十二五"期间,重庆市将努力实现可再生能源建筑规模化应用 450 万 m²,到"十二五"期末形成年节能 4.4 万 t 标煤,减排 $CO_2$10.0 万 t 的能力;以消除政策性障碍为目标,建立可再生能源建筑应用的政策法规体系,适时研究出台鼓励沿江、沿库(湖)等可再生能源建筑应用条件较好的区域内的建筑优先使用可再生能源的政策,形成部门协调推进该项工作的有利局面;以水源热泵技术为重点,进一步完善技术标准体系,做好可再生能源建筑应用布局规划,强化可再生能源建筑应用检测能力;培育可再生能源应用产业基地,研发一批具有自主知识产权的经济高效的设备及成套技术。

第6章　绿色建筑管理

6.1　发展绿色建筑的意义及指导思想

6.1.1　发展绿色建筑的意义

1992年，"绿色建筑"的概念在巴西里约热内卢"联合国环境与发展大会"上首次被提到，从此绿色建筑从概念到实践，从内涵到外延都得到了极大的丰富和发展。进入21世纪后，绿色建筑开始在我国生根萌芽，并在全国范围内形成了蓬勃兴起和迅速发展的态势，建成了一批绿色建筑示范工程。当前建筑和房地产业正在发生着一场革命性的转变：由传统低效率、高投入、高排放、高污染的粗放型建筑和房地产业向以可持续发展为理念的绿色建筑和房地产业转变。绿色建筑是生态文明建设的重要内容，发展绿色建筑的过程本质上是生态文明建设和学习实践科学发展观的过程。同时，发展绿色建筑是城乡建设领域贯彻落实科学发展观，发展低碳经济，走绿色发展道路的重要举措，是提升城乡发展质量和效益的必然选择，对促进建设行业转变发展方式，推动建筑业和房地产业转型升级具有十分重要的意义。

6.1.2　发展绿色建筑的指导思想

以科学发展观为指导，坚持以人为本、因地制宜的理念，建立政府引导、市场运作、全民参与的工作机制，大力发展绿色建筑，全面推进城乡建设领域"四节一环保"工作，提高建设品质，改善人居环境，减少资源消耗，实现人、建筑、自然的和谐相处，促进建设行业转变发展方式，推动资源节约型和环境友好型社会建设。

6.2　绿色建筑的概念

随着绿色建筑的发展，绿色建筑的定义也一直在演变。根据国家标准《绿色建筑评价标准》（GB/T 50378—2006）所给的定义，绿色建筑是指在建筑的全寿命周期内，最大限度地节约资源（节能、节地、节水、节材）、保护环境和减少污染，为人们提供健康、适用和高效的使用空间，与自然和谐共生的建筑。《重庆市绿色建筑评价标准》（DBJ/T 50—066—2009）沿用了这一定义。

建筑的全寿命周期是指包括建筑的材料生产、规划、设计、施工、运营维护、拆除、处理和回用的全过程，如图6.1所示。

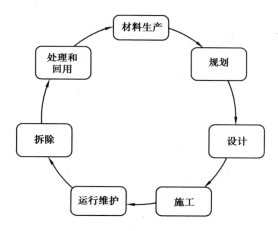

图6.1　建筑全寿命周期全过程示意图

6.3　绿色建筑评价标识技术体系

6.3.1　国家绿色建筑评价标识

《绿色建筑评价标识实施细则（试行修订稿）》将绿色建筑评价标识分为绿色建筑设计评价标识和绿色建筑评价标识。绿色建筑设计评价标识是依据《绿色建筑评价标准》（GB/T 50378—2006）、《绿色建筑评价技术细则（试行）》和《绿色建筑评价技术细则补充说明（规划设计部分）》，对处于规划设计阶段和施工阶段的住宅建筑和公共建筑，按照《绿色建筑评价标识管理办法（试行）》对其进行评价标识，标识有效期为1年；绿色建筑评价标识是依据《绿色建筑评价标准》（GB/T 50378—2006）、《绿色建筑评价技术细则（试行）》和《绿色建筑评价技术细则补充说明（运行使用部分）》，对已竣工并投入使用的住宅建筑和公共建筑，按照《绿色建筑评价标识管理办法（试行）》对其进行评价标识。标识有效期为3年。

《绿色建筑评价标准》（GB/T 50378—2006）将绿色建筑由低至高分为一星级、二星级、三星级。绿色建筑评价指标体系由节地与室外环境、节能与能源利用、节水与水资源利用、节材与材料资源利用、室内环境质量和运营管理6类指标组成。每类指标包括控制项、一般项与优选项。绿色建筑应满足标准中所有控制项的要求，并按满足一般项数和优选项数的程度划分三个等级，详见表6.1和表6.2。

表6.1　划分绿色建筑等级的项数要求（住宅建筑）

等　级	一般项数（共40项）						优选项数（共9项）
	节地与室外环境（共8项）	节能与能源利用（共6项）	节水与水资源利用（共6项）	节材与材料资源利用（共7项）	室内环境质量（共6项）	运营管理（共7项）	
★	4	2	3	3	2	4	—
★★	5	3	4	4	3	5	3
★★★	6	4	5	5	4	6	5

表6.2　划分绿色建筑等级的项数要求（公共建筑）

等　级	一般项数（共43项）						优选项数（共14项）
	节地与室外环境（共6项）	节能与能源利用（共10项）	节水与水资源利用（共6项）	节材与材料资源利用（共8项）	室内环境质量（共6项）	运营管理（共7项）	
★	3	4	3	5	3	4	—
★★	4	6	4	6	4	5	6
★★★	5	8	5	7	5	6	10

对一般项、优选项，进行达标判定，判定结果分为是、否、不参评三种。当《绿色建筑评价标准》（GB/T 50378—2006）中某条文不适应建筑所在地区、气候与建筑类型等条件时，该条文可不参与评价，参评的总项数相应减少，等级划分时对项数的要求可按原比例调整确定。

6.3.2　重庆市绿色建筑评价标识

《重庆市绿色建筑评价标识管理办法（试行）》将绿色建筑评价标识分为绿色建筑设计评价标识、绿色建筑竣工评价标识和绿色建筑评价标识。绿色建筑设计评价标识是指对已完成建筑施工图设计，并已通过施工图审查及备案的建筑进行评价，通过后颁发重庆市相应等级绿色建筑设计标识；绿色建筑竣工评价标识是指对已竣工验收的建筑进行评价，通过后颁发相应等级重庆市绿色建筑竣工标识；绿色建筑评价标识是指对已竣工验收并投入使用1年以上的建筑进行评价，通过后颁发重庆市相应等级绿色建筑标识。

《重庆市绿色建筑评价标准》（DBJ/T 50—066—2009）中将绿色建筑评价标识分为绿色建筑设计评价标识和绿色建筑评价标识，结合重庆实际工作经验在《绿色建筑评价标准》的基础上增加了绿色建筑竣工评价标识。同时，《重庆市绿色建筑评价标准》将重庆地区绿色建筑由低至高分为银级、金级、铂金级。绿色建筑评价指标体系由节地与室外环境、节能与能源利用、节水与水资源利用、节材与材料资源利用、室内环境质量和运营管理6类指标组成。每类指标包括控制项、一般项与优选项。

绿色建筑设计评价达标判定应符合下列规定：

①控制项必须全部满足《重庆市绿色建筑评价标准》的规定。

②一般项最低合格项数，优选项最低合格项数，一般项、优选项最低合格总项数应符合表6.3或表6.4中相应等级规定。

表6.3　划分绿色建筑设计等级的项数要求(住宅建筑)

等　级	一般项最低合格项数						优选项最低合格项数	一般项、优选项最低合格总项数
	节地与室外环境(共12项)	节能与能源利用(共8项)	节水与水资源利用(共10项)	节材与材料资源利用(共6项)	室内环境质量(共8项)	运营管理(共3项)	优选项项数(共11项)	
银							0	23
金	4	2	3	2	2	1	2	30
铂金							5	40

表6.4　划分绿色建筑设计等级的项数要求(公共建筑)

等　级	一般项最低合格项数						优选项最低合格项数	一般项、优选项最低合格总项数
	节地与室外环境(共7项)	节能与能源利用(共11项)	节水与水资源利用(共12项)	节材与材料资源利用(共6项)	室内环境质量(共7项)	运营管理(共3项)	优选项项数(共14项)	
银							0	23
金	3	4	5	2	3	1	3	30
铂金							7	41

绿色建筑整体评价达标判定应符合下列规定:

①控制项必须全部满足《重庆市绿色建筑评价标准》的规定。

②一般项最低合格项数,优选项最低合格项数,一般项、优选项最低合格总项数应符合表6.5或表6.6中相应等级规定。

表6.5　划分绿色建筑等级的项数要求(住宅建筑)

等　级	一般项最低合格项数						优选项最低合格项数	一般项、优选项最低合格总项数
	节地与室外环境(共12项)	节能与能源利用(共9项)	节水与水资源利用(共10项)	节材与材料资源利用(共10项)	室内环境质量(共9项)	运营管理(共12项)	优选项项数(共13项)	
银							0	31
金	4	3	3	4	3	5	2	39
铂金							6	52

表6.6　划分绿色建筑等级的项数要求(公共建筑)

等　级	一般项最低合格项数						优选项最低合格项数	一般项、优选项最低合格总项数
	节地与室外环境(共7项)	节能与能源利用(共12项)	节水与水资源利用(共12项)	节材与材料资源利用(共11项)	室内环境质量(共8项)	运营管理(共11项)	优选项项数(共17项)	
银							0	30
金	3	5	5	4	3	4	3	39
铂金							8	53

当《重庆市绿色建筑评价标准》中某项条文不适应建筑所在地区、气候和建筑类型等条件时,该项条文可不参与评价。当标准中某条文按其规定可不参与评价时,参评的总项数相应减少,等级划分时对一般项、优选项的最低合格总项数可按原比例调整确定。本标准中定性条款的评价结论为通过或者未通过;对有多项要求的条款,各项要求均满足时方能评价通过。

6.3.3　重庆市绿色建筑评价标识与国家绿色建筑评价标识的关系

重庆市绿色建筑评价标识由低至高三个等级中的银级、金级,分别对应国家绿色建筑评价标识由低至高三个等级中的一星级、二星级。《重庆市绿色建筑评价标识管理办法(试行)》中规定,获得重庆市绿色建筑评价标识银级、金级的项目,由市城乡建设主管部门报住房和城乡建设部备案后须发相应等级的国家绿色建筑评价标识。

6.4　重庆市绿色建筑评价标识管理体系

6.4.1　重庆市绿色建筑评价标识项目申报程序

1)申请绿色建筑评价标识需满足的条件

①绿色建筑设计评价标识应在申请项目施工图设计完成并通过施工图审查、备案后进行;绿色建筑竣工评价标识应在申请项目竣工验收后进行;绿色建筑评价标识应在申请项目竣工验收并投入使用一年后进行。

②申请项目符合国家、本市基本建设程序和管理规定以及相关技术标准规范要求,未发生重大质量安全事故,无拖欠工资和工程款。

③申请应由项目建设单位或业主单位提出,鼓励项目规划设计、技术咨询、施工、监理、物业管理等相关单位共同参与申请。

2)重庆市绿色建筑评价标识项目申报程序(见图6.2)

①申请。申请单位向承办部门提交评价标识申报书及申报材料(具体要求如下),承办

部门对申报书及申报材料形式审查。

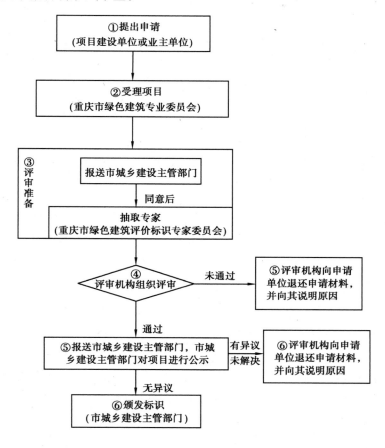

图6.2 重庆市绿色建筑评价标识申报程序

a.绿色建筑设计评价标识:施工图设计文件审查合格书复印件;绿色建筑自评报告;工程立项批文的复印件;建设、设计、咨询单位的资质证书复印件;咨询专家名单及简介;绿色建筑评价标识申报声明。

b.绿色建筑竣工评价标识:竣工验收备案资料;建筑能效测评报告;绿色建筑自评报告;工程项目审批文件的复印件,包括土地使用证、立项批复文件、规划许可证和施工许可证;建设、设计、咨询、施工、监理单位的资质证书复印件;咨询专家名单及简介;绿色建筑评价标识申报声明。

c.绿色建筑评价标识:竣工验收备案资料;建筑能效测评报告;绿色建筑自评报告;工程项目审批文件的复印件,包括土地使用证、立项批复文件、规划许可证和施工许可证;建设、设计、咨询、施工、监理、物业管理单位的资质证书复印件;咨询专家名单及简介;绿色建筑评价标识申报声明。

②受理。在承办部门对申报材料形式审查后,由评审机构通知申请单位按要求提交评审材料。

③评审准备。评审机构在核实评审材料达到评审要求后,报重庆市城乡建设主管部门,

经重庆市城乡建设主管部门同意后,在重庆市绿色建筑评价标识专家委员会中抽取专家(7~9名)。

④评审。评审机构组织专家对申请项目进行评审。

⑤公示。通过评审的项目,由评审机构报重庆市城乡建设主管部门进行公示;未通过评审的项目,由评审机构向申报单位说明原因,并退还相关材料。

⑥颁发标识。经公示后无异议或有异议但已协调解决的项目,由重庆市城乡建设主管部门公布,并颁发重庆市绿色建筑标识;对有异议而且无法协调解决的项目,评审机构向申请单位说明情况,退还申请资料。

6.4.2 管理部门职责

重庆市绿色建筑评价标识相关部门如图6.3所示。

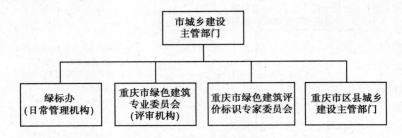

图6.3 重庆市绿色建筑评价标识相关部门

(1)重庆市城乡建设主管部门

重庆市城乡建设主管部门负责监督管理全市绿色建筑评价标识工作,组织和指导绿色建筑评价标识日常管理机构、评审机构、技术依托单位开展工作。

(2)各区县(自治县)城乡建设主管部门

各区县(自治县)城乡建设主管部门负责本地区绿色建筑发展工作,负责本地区绿色建筑申请项目的组织协调和管理。

具备条件的各区县(自治县)城乡建设主管部门,可向重庆市城乡建设主管部门提出开展银级绿色建筑评价标识申请,经重庆市城乡建设主管部门审核同意后,可承担本辖区内银级绿色建筑评价标识评审的组织工作。

(3)日常管理机构

重庆市城乡建设主管部门在重庆市建筑节能中心设立市绿色建筑评价标识管理办公室,作为重庆市绿色建筑评价标识日常管理机构,负责建立并管理绿色建筑评价标识工作档案;负责绿色建筑评价标识工作质量动态管理;负责绿色建筑评价标识推广宣传、培训交流等的具体组织实施。

(4)评审机构

重庆市绿色建筑专业委员会为绿色建筑评价标识评审机构,负责组织开展项目评审,并定期向重庆市城乡建设主管部门及日常管理机构报告绿色建筑评价标识评审工作情况。

(5)重庆市绿色建筑评价标识专家委员会

重庆市城乡建设主管部门依托重庆市建设科技委设立重庆市绿色建筑评价标识专家委

员会,参与绿色建筑评价标识评审和相关技术咨询工作。

专家委员会实行回避制度,凡参加项目咨询的专家不得再参加该项目的评审工作。

6.5 重庆市发展绿色建筑目标及各方主体职责

6.5.1 发展绿色建筑目标

《重庆市建筑节能"十二五"专项规划》把大力发展绿色建筑作为工作重点之一。"十二五"期间,要结合重庆市实际,建立政府引导、市场运作、全民参与的绿色建筑发展机制,建立完善重庆市绿色建筑建设及评价的政策法规、技术标准、技术支撑、产业发展、实施能力五大工作体系,大力发展绿色建筑,打造一批在国内外具有影响力的绿色建筑示范项目;建立低碳建筑评价管理体系,促进低碳建筑发展;大力实施绿色建筑评价标识制度,培育绿色建筑相关地方产业发展;加强社会宣传和知识普及,使绿色建筑理念成为全社会的广泛共识。

2011—2012 年,建设绿色建筑 400 万 m² 以上,绿色低碳建筑累计达 1 400 万 m² 以上,推动绿色建筑集中示范区建设,推动有条件的地区建设绿色智能低碳示范区,大力培育绿色建筑品牌,提高绿色建筑影响力。

2013—2015 年,建设绿色建筑 600 万 m² 以上,绿色低碳建筑累计达 2 000 万 m² 以上,打造一批在国内外具有影响力的绿色建筑示范项目,建立适合重庆市资源和气候条件的绿色建筑技术路线,培育绿色建筑相关地方产业发展,绿色建筑理念成为全社会的广泛共识。

重点项目:实施"两个一工程",即建设 1 000 万 m² 以上的绿色建筑,打造 10 个以上在国内外具有影响力的绿色建筑示范项目。

6.5.2 各方主体的职责

绿色建筑涉及的各方主体如图 6.4 所示。

图 6.4 绿色建筑涉及的各方主体

(1)建设单位

建设单位要积极贯彻国家有关绿色建筑的政策、法规以及相关标准。已申报绿色建筑项目的建设开发单位要按照确定的绿色建筑等级标准委托设计、咨询,并在项目建设中严格执行绿色建筑标准。一级房地产开发企业每年应完成两个以上绿色建筑项目建设并取得绿色建筑标识。

（2）设计单位

设计单位要积极采用先进的绿色建筑设计理念，在保证建筑物功能和技术经济合理的情况下，注重对节地、节能、节水、节材等关键环节的应用设计。加强与国内外先进绿色建筑设计单位的学习交流，吸取他们失败的教训和成功的经验，培训优秀的绿色建筑设计师。甲级建筑设计单位每年应完成两个以上绿色建筑项目设计并取得绿色建筑设计标识。

（3）施工单位

施工单位要积极贯彻落实《绿色施工导则》（建质〔2007〕223号）和《建筑工程绿色施工评价标准》GB/T 50640—2010。在工程建设中，通过科学管理和技术进步，最大限度地节约资源、减少对环境的影响，推进绿色施工。已申报绿色建筑项目的施工单位，在施工过程中应按要求编制绿色施工专项方案，并按有关规定进行审批，落实"四节一环保"的具体要求。

（4）监理单位

监理单位要积极贯彻落实绿色建筑相关标准。已申报绿色建筑项目的监理单位，应根据项目绿色建筑设计文件及相关标准、规范，结合施工单位的绿色施工专项方案，制定专项监理实施细则，严格履行监理职责，确保绿色建筑项目实施质量。

（5）已申报绿色建筑项目的物业管理单位

已申报绿色建筑项目的物业管理单位要加强对绿色建筑的运行管理，强化物业管理人员培训，制定绿色建筑管理规程，保障绿色建筑的健康、持续运行。

（6）各有关单位

各有关单位要组织开展绿色建筑关键技术科研攻关，积极探索适合重庆市资源和气候条件的绿色建筑技术路线，建立完善绿色建筑材料与技术评价标准体系，大力实施绿色建筑材料和技术评价标识制度，努力推动遮阳、通风、建筑垃圾综合利用、雨水收集利用、建筑智能化和可再生能源建筑应用等绿色建筑地方产业发展，为发展绿色建筑提供经济适用和安全可靠的技术产品支撑。

（7）重庆市各级城乡建设主管部门、各有关单位

重庆市各级城乡建设主管部门、各有关单位要共同做好绿色建筑的宣传培训工作。采取多种形式广泛宣传绿色建筑知识，积极倡导绿色低碳生活方式和消费模式，提升全社会对发展绿色建筑重要性的认识，引导、鼓励全民参与，逐步形成全社会关心、重视和支持绿色建筑发展的良好氛围。同时要加强对行业从业人员的培训，提高从业人员掌握和应用绿色建筑有关法律法规、标准规范、政策措施、科学技术的水平和能力，总结推广好的经验和做法，提高全市绿色建筑实施能力。

项目编号：_____

绿色建筑评价标识
申报书

项目名称_____

申报单位_____（盖章）

申报时间_____

重庆市城乡建设委员会编制

说　明

1. 申报书及申报材料一律采用 A4 纸和小四号宋体字填写打印，一式三份，装订成册，完善签章，并提供电子文档；

2. 申报材料清单附后；

3. 项目编号由评审机构填写；

4. 申报书封面的"项目名称"应与施工许可证的"工程名称"一致；

5. 申请应由项目建设单位或业主单位提出，鼓励项目规划设计、技术咨询、施工、监理、物业管理等相关单位共同参与申请。申报书封面的"申报单位"名称应与施工许可证的"建设单位"名称一致；多个单位联合申请的，应在申报单位概况一栏分别介绍；

6. 申请项目为区县管项目的，申报前应报项目所在地区县城乡建委审查，由区县城乡建委出具推荐意见；

7. 请严格按照本说明的要求如实填写申报书，并提供真实、完整的申报材料。如有虚假，一经查实，将取消申报资格。

一、项目基本情况					
1. 建筑类型	□住宅　　　□公建　　　□住宅/公建　　　　　　（选项打√）				
2. 实施起止年限	项目立项时间：　　年　　月　　日 项目竣工时间：　　年　　月　　日 运　营　时　间：　　年				
3. 占地面积　　　　万 m²	建筑总面积　　　　万 m²				
4. 总投资（万元）	绿色建筑总增量成本（元/m²）				
5. 申报绿色建筑评价标识类别	□绿色建筑设计评价标识 □绿色建筑竣工评价标识 □绿色建筑评价标识　　　　　　（选项打√，可多选）				
6. 申报绿色建筑评价标识等级	□银级　　　□金级　　　□铂金级　　　　（选项打√）				
7. 是否符合国家、本市基本建设程序和管理规定	□是　　　□否　　　　　　　　　　　（选项打√）				
8. 是否发生重大质量安全事故	□是　　　□否　　　　　　　　　　　（选项打√）				
9. 是否拖欠工资和工程款	□是　　　□否　　　　　　　　　　　（选项打√）				
10. 项目所在地区县城乡建委			传真		
通讯地址			邮编		
负责人		电话		手机	
联系人		电话		手机	
11. 建设单位			传真		
通讯地址			邮编		
负责人		电话		手机	
联系人		电话		手机	

二、项目概况（工程性质、工程投资、用地面积、建筑面积、结构形式、开发与建设周期、解决的主要技术问题等情况）

三、评价内容简介

1. 节地与室外环境

（选址、用地指标、住区公共服务设施、室外环境（声、光、热）、出入口与公共交通、景观绿化、透水地面、旧建筑利用、地下空间利用等）

2. 节能与能源利用
  （建筑节能设计、高效能设备和系统、节能高效照明、能量回收系统、可再生能源利用等）

3. 节水与水资源利用
  （水系统规划设计、节水措施、非传统水源利用、绿化节水灌溉、雨水回渗与集蓄利用等情况）

4. 节材与材料资源利用

　　（建筑结构体系节材设计、预拌混凝土使用、高性能混凝土使用、建筑废弃物回收利用、可循环材料和可再生利用材料的使用、土建装修一体化设计施工、再生骨料建材使用等情况）

5. 室内环境质量

　　（日照、采光、通风、围护结构保温隔热设计、室温控制、可调节外遮阳、通风换气装置等情况）

6.运营管理

（节约资源保护环境的物化管理系统、智能化系统应用、建筑设备、系统的高效运营、维护、保养、物业认证、垃圾分类回收等情况）

四、申报单位概况（包括人员组成、技术力量、设备条件、固定资产、年产值、负债以及对绿色建筑项目实施的贡献、承担的工作内容等；多个单位联合申报的,应分别介绍）

五、项目主要参加人员（包括项目主要负责人员、设计人员、绿色建筑咨询专家）			
姓　名	职　务	职　称	承担主要工作

六、项目创新点、推广价值和综合效益分析介绍

1.项目创新点

2. 项目推广价值

3. 综合效益分析

七、申报单位意见

（盖章）

年　月　日

八、项目所在地区县城乡建委推荐意见

（盖章）

年　月　日

第7章　新型墙体材料发展管理

7.1　新型墙体材料定义

新型墙体材料是指符合国家产业政策导向,有利于节约土地、资源和能源,有利于生态环境保护和改善建筑功能的墙体材料。它是一个相对的动态概念,随着经济社会发展、科学技术进步和建设工程对材料功能、品质要求的不断提高,其内涵也在不断变化。2002年,国务院有关部委通过发布《新型墙体材料专项基金征收和使用管理办法》(财综〔2002〕55号),发布了《新型墙体材料目录》(见表7.1),主要把粘土砖等不利于保护耕地、节约能源和改善环境的墙体材料列为传统墙体材料。2007年,国务院有关部委又通过修订《新型墙体材料专项基金征收使用管理办法》(财综〔2007〕77号),修订了《新型墙体材料目录》(见表7.2),在继续把粘土砖列为传统墙体材料的基础上,又主要把烧结页岩实心砖等高能耗、高排放、高污染和不利于实施建筑节能的墙体材料列为传统墙体材料。

表7.1　新型墙体材料目录(2002年版)

类别	内　　容
非粘土砖	①孔洞率大于25%非粘土烧结多孔砖和空心砖(符合GB 13544—2000和GB 13545—1992的技术要求); ②混凝土空心砖和空心砌块(符合国家标准GB 13545—1992的技术要求); ③烧结页岩砖(符合国家标准GB/T 5101—1998的技术要求)
建筑砌块	①普通混凝土小型空心砌块(符合国家标准GB 8239—1997的技术要求); ②轻集料混凝土小型空心砌块(符合国家标准GB 15229—1994的技术要求); ③蒸压加气混凝土砌块(符合国家标准GB/T 11968—1997的技术要求); ④石膏砌块(符合行业标准JC/T 698—1998的技术要求)
建筑板材	①玻璃纤维增强水泥轻质多孔隔墙条板(简称GRC板)(符合行业标准JC 666—1997的技术要求); ②纤维增强低碱度水泥建筑平板(符合行业标准JC 626/T—1996的技术要求); ③蒸压加气混凝土板(符合国家标准GB 15762—1995的技术要求); ④轻集料混凝土条板(参照行业标准《住宅内隔墙轻质条板》JC/T 3029—1995的技术要求); ⑤钢丝网架水泥夹芯板(符合行业标准JC 623—1996的技术要求); ⑥石膏墙板(包括纸面石膏板、石膏空心条板),其中:纸面石膏板(符合国家标准GB/T 9775—1999的技术要求),石膏空心条板(符合行业标准JC/T 829—1998的技术要求); ⑦金属面夹芯板(包括金属面聚苯乙烯夹芯板、金属面硬质聚氨酯夹芯板和金属面岩棉、矿渣棉夹芯板),其中:金属面聚苯乙烯夹芯板(符合行业标准JC 689—1998的技术要求),金属面硬质聚氨酯夹芯板(符合行业标准JC/T 868—2000的技术要求),金属面岩棉、矿渣棉夹芯板(符合行业标准JC/T 869—2000的技术要求); ⑧复合轻质夹芯隔墙板、条板(所用板材为以上所列几种墙板和空心条板,复合板符合建设部《建筑轻质条板、隔墙板施工及验收规程》的技术要求)
其他	原料中掺有不少于30%的工业废渣、农作物秸秆、垃圾、江河(湖、海)淤泥的墙体材料产品
	预制及现浇混凝土墙体
	钢结构和玻璃幕墙

表7.2　新型墙体材料目录(2007年版)

类别	内　容
砖类	①非粘土烧结多孔砖(符合 GB 13544—2000 技术要求)和非粘土烧结空心砖(符合 GB 13545—2003 技术要求); ②混凝土多孔砖(符合 JC 943—2004 技术要求); ③蒸压粉煤灰砖(符合 JC 239—2001 技术要求)和蒸压灰砂空心砖(符合 JC/T 637—1996 技术要求); ④烧结多孔砖(仅限西部地区,符合 GB 13544—2000 技术要求)和烧结空心砖(仅限西部地区,符合 GB 13545—2003 技术要求)
砌块类	①普通混凝土小型空心砌块(符合 GB 8239—1997 技术要求); ②轻集料混凝土小型空心砌块(符合 GB 15229—2002 技术要求); ③烧结空心砌块(以煤矸石、江河湖淤泥、建筑垃圾、页岩为原料,符合 GB 13545—2003 技术要求); ④蒸压加气混凝土砌块(符合 GB/T 11968—2006 技术要求); ⑤石膏砌块(符合 JC/T 698—1998 技术要求); ⑥粉煤灰小型空心砌块(符合 JC 862—2000 技术要求)
板材类	①蒸压加气混凝土板(符合 GB 15762—1995 技术要求); ②建筑隔墙用轻质条板(符合 JG/T 169—2005 技术要求); ③钢丝网架聚苯乙烯夹芯板(符合 JC 623—1996 技术要求); ④石膏空心条板(符合 JC/T 829—1998 技术要求); ⑤玻璃纤维增强水泥轻质多孔隔墙条板(简称 GRC 板,符合 GB/T 19631—2005 技术要求); ⑥金属面夹芯板,其中:金属面聚苯乙烯夹芯板(符合 JC 689—1998 技术要求),金属面硬质聚氨酯夹芯板(符合 JC/T 868—2000 技术要求),金属面岩棉、矿渣棉夹芯板(符合 JC/T 869—2000 技术要求); ⑦建筑平板,其中:纸面石膏板(符合 GB/T 9775—1999 技术要求),纤维增强硅酸钙板(符合JC/T 564—2000 技术要求),纤维增强低碱度水泥建筑平板(符合 JC/T 626—1996 技术要求),维纶纤维增强水泥平板(符合 JC/T 671—1997 技术要求),建筑用石棉水泥平板(符合 JC/T 412—1996 技术要求)
其他	原料中掺有不少于30%的工业废渣、农作物秸杆、建筑垃圾、江河(湖、海)淤泥的墙体材料产品(烧结实心砖除外)
	符合国家标准、行业标准和地方标准的混凝土砖、烧结保温砖(砌块)、中空钢网内模隔墙、复合保温砖(砌块)、预制复合墙板(体)、聚氨酯硬泡复合板及以专用聚氨酯为材料的建筑墙体等

7.2　发展新型墙体材料的意义

发展新型墙体材料有利于节约资源能源,有利于保护生态环境,有利于改善建筑功能品质,有利于促进产业结构调整,有利于转变经济增长方式,是实施建筑节能和发展低碳绿色建筑的重要物质支撑,是建设领域实施节能减排和发展低碳经济的重要举措,也是建设领域贯彻落实科学发展观和实施可持续发展战略的具体行动。据不完全统计,截至 2006 年底,全国推进墙材革新累计综合利用固体废弃物达 11 亿 t,节约土地 180 多万亩,节约能源 9 600 万 t 标准煤,减排二氧化碳近 2 亿 t,二氧化硫 150 万 t。

7.3　国家对新型墙体材料发展的要求

　　国家历年来高度重视新型墙体材料的发展。早在 1988 年,国务院有关部委就联合成立了墙体材料革新与建筑节能领导小组,采用系统工程方法,在部分城市试点性推进墙体材料革新与建筑节能。1992 年,《国务院批转国家建材局等部门关于加快墙体材料革新和推广节能建筑意见的通知》(国发[1992]66 号),总结了推进墙材革新与建筑节能试点的工作成绩和经验,要求全国各地设立墙材革新管理机构负责征收新型墙体材料专项基金,通过增加传统墙材的使用成本,引导和支持新型墙体材料的研究、生产和应用。2002 年,国务院有关部委发布《新型墙体材料专项基金征收和使用管理办法》(财综[2002]55 号),正式明确新型墙体材料专项基金征收为政府性基金,要求凡新建、扩建、改建建筑工程未使用新型墙体材料的建设单位应按规定缴纳新型墙体材料专项基金。2007 年,国务院有关部委又联合修订发布了《新型墙体材料专项基金征收和使用管理办法》(财综[2007]77 号),进一步提高了新型墙体材料专项基金的征收标准,并扩大了征收范围。2008 年,国务院在住房和城乡建设部机构改革"三定方案"中,确定住房和城乡建设部负责全国建筑节能和墙材革新工作,明确建设行政主管部门作为新型墙体材料行政主管部门的工作职责,要求充分调动建设领域应用新型墙体材料的主观能动性,切实减少传统墙体材料的工程应用量,抓好管好墙材革新与建筑节能工作。

　　自 1992 年以来,全国各地纷纷按照国务院的要求,逐步建立健全促进新型墙体材料发展的政策体系,设立墙材革新与建筑节能专业机构,对未使用新型墙体材料的建设工程征收墙改基金,对生产利废新型墙体材料给予一定税费减免优惠政策,并采取贴息和补助等形式安排墙改基金支持新型墙体材料科研开发与推广应用,以及扶持新型墙体材料生产线建设、改造和应用试点示范等,大力推进墙材革新工作。据统计,截至 2010 年底,全国除重庆市和西藏自治区外,其余 29 个省(不含台湾)、直辖市、自治区均逐步建立了墙改基金征收和使用管理制度,并设立墙材革新与建筑节能机构负责开征墙改基金,以推动墙材革新与实施建筑节能。从全国墙材革新工作与新型墙体材料应用现状来看,墙改基金这一经济政策为推动墙材革新与实施建筑节能发挥了重要作用,主要表现在以下几个方面:一是"禁实"取得明显成效,截至 2006 年底,全国累计关闭、转产实心粘土砖瓦企业 35 000 多家,淘汰落后生产能力 1 000 多亿块标准砖;二是新型墙体材料发展迅速,2006 年,全国新型墙体材料产量达到 3 850 亿块标准砖,占墙体材料总量的 46%,比 2000 年增加了 18 个百分点,全国近一半省市的新型墙体材料产量占墙体材料总量的比例超过了 50%,其中北京、上海达到了 100%,全国城镇新建建筑采用新型墙材的建筑面积已占建筑总面积的 57.6%;三是墙材产业整体技术水平显著提高,目前已形成了砖、块、板多品种、多规格的新型墙材产品体系,可基本满足实施建筑节能对墙体材料的需求。

7.4 重庆推动新型墙体材料发展的历史沿革与现状

7.4.1 重庆新型墙体材料发展历程

重庆历年来高度重视新型墙体材料发展,始终坚持把推动新型墙体材料发展作为转变建设行业发展方式的重要抓手和载体,取得了一定成效。大概可分为三个阶段:

第一阶段为"非粘土化"阶段:从 20 世纪 50 年代中后期到 80 年代中后期,以保护良田熟土为主,以页岩代替粘土生产非粘土化墙体材料,在全国率先走上"非粘土化"的道路。

第二阶段为"烧结砖空心化"阶段:从 20 世纪 80 年代中后期至本世纪初,在推动烧结页岩砖占据墙体材料主导地位的基础上,推动烧结页岩空心砖和多孔砖取得快速发展。

第三阶段为"新型节能墙体材料发展"阶段:自 21 世纪初重庆全面推进建筑节能工作以来,重庆市城乡建设主管部门就把发展新型节能墙体材料作为实施建筑节能的重要物质支撑,推动新型节能墙体材料取得了较快发展。一方面,通过发布执行《重庆市建设领域限制、禁止使用落后技术通告》,逐步淘汰了高能耗、高排放、高污染和不符合实施建筑节能要求的传统墙体材料;另一方面,通过组织实施重庆市建筑节能经济适用安全技术路线研究,研究开发并规模化推广应用了以节能型烧结页岩空心砌块、蒸压加气混凝土砌块、陶粒混凝土空心砌块等高效节能墙材为核心的墙体自保温技术体系,同时培育形成了年产节能型页岩空心砌块 300 万 m^3、蒸压加气混凝土砌块 350 万 m^3 生产能力的新型节能墙体材料地方产业。取得的系列成果引起了行业广泛关注,2008 年以来,已先后有上海、江苏、成都、武汉、合肥、杭州和湖南等 10 余个省市来渝交流学习重庆市发展墙体自保温技术体系的经验。兄弟省市普遍认为着力发展以墙体自保温技术体系为重点的建筑节能地方产业,既有效地降低了建筑节能的增量成本,为实施建筑节能提供了物质支持,又逐步成为促进地方经济发展新的增长点。

7.4.2 重庆新型墙体材料发展现状

虽然近年来重庆以推广应用墙体自保温体系为抓手,推动新型节能墙体材料取得了较快发展。但据重庆市墙体材料工业行业协会统计,2010 年,墙材产量达到 181 亿块标砖,其中烧结页岩实心砖 125 亿块标砖,占墙体材料总量的 69%;烧结页岩空心砖 14 亿块标砖,占墙体材料总量的 8%;加气混凝土等其他新型墙材折合标准砖约 42 亿块,占墙体材料总量的 23%,烧结页岩实心砖仍占据墙材主导地位。按照国务院有关部委 2007 年修订发布的《新型墙体材料目录》规定,将烧结页岩实心砖作为传统墙体材料计算,当前重庆新型墙体材料所占比例不超过 30%,远低于全国新型墙体材料比例的平均水平。因此,在当前重庆建设领域全面推进节能减排和大力发展绿色低碳经济的背景下,应切实采取有效措施,加快淘汰烧结页岩实心砖的步伐,大力发展以节能墙体材料为核心的新型墙体材料,促进墙体材料产业结构调整,为实施建筑节能和发展绿色建筑提供质量产量均有保障的新型节能墙体材料产业支撑。

7.5 重庆新型墙体材料发展的思路、重点和目标

为推动新型墙体材料发展,2011 年重庆市城乡建委发布了《重庆市建筑节能"十二五"发展规划》和《关于加快发展新型墙体材料的实施意见》(渝建发〔2011〕42 号),进一步明确了"十二五"期间重庆新型墙体材料发展的思路、重点和目标。即:以实施建筑节能为载体,以推广墙体自保温技术体系为抓手,以加强技术创新为动力,以完善标准体系为支撑,强化政策调控,加强使用管理,促进以蒸压加气混凝土砌块、节能型烧结页岩空心砌块、节能型混凝土空心砌块和轻质环保隔墙板为重点的新型墙体材料产业化发展和规模化应用。到 2012 年底,全市新型节能墙体材料年产量达到 800 万 m³,远郊各区县具备新型节能墙体材料生产能力;全市新型墙体材料应用比例达到 50% 以上,其中主城各区达到 60% 以上,区域中心城市达到 45% 以上,其他远郊区县达到 40% 以上。到 2015 年底,全市新型节能墙体材料年产量达到 1 500 万 m³,远郊各区县均达到 30 万 m³;全市新型节能墙体材料应用比例达到 65% 以上,其中主城各区达到 80% 以上,区域中心城市达到 65% 以上,其他远郊区县达到 55% 以上。

7.6 重庆推动发展新型墙体材料的主要措施

1)落实工作责任

重庆市城乡建设主管部门应研究制定新型墙体材料发展规划和管理政策,明确发展思路,细化工作目标,落实工作措施,统筹好全市墙体材料革新工作。各区县(自治县)城乡建设主管部门应把墙体材料革新作为建筑节能日常管理的重要工作内容,加快发展具有地方资源特色的新型节能墙体材料,加强墙体材料工程应用管理,做好墙体材料应用情况统计,确保实现新型墙体材料发展目标。

2)加强落后墙体材料禁止使用力度

重庆市城乡建设主管部门应按照有利于实施建筑节能和节约资源能源的原则,通过发布落后墙体材料产品目录和限制禁止使用落后技术通告,进一步扩大落后墙体材料禁止使用范围。

各级城乡建设主管部门应督促开发、设计、施工、监理和材料企业严格贯彻执行建设领域限制禁止使用落后技术通告,加大烧结页岩实心砖、导热系数大于 0.54 W/(m·K) 或孔洞数小于 12 孔或宽度方向孔洞排数小于 5 排的烧结页岩空心砖和单排孔普通混凝土小型空心砌块等落后墙体材料禁止使用力度,切实降低落后墙体材料应用比例。

3)着力推进新型墙体材料技术进步

①充分整合社会资源,加强技术集成创新,研究开发资源能源利用效率高、生态环境污染程度小、热物理性能优异的新型高效节能墙体材料。

②逐步淘汰落后产能与落后生产工艺,鼓励现有中小企业进行技术改造和产品升级,大力推进烧结页岩实心砖企业转产节能型烧结页岩空心砖(砌块)和多孔砖,防止低水平重复建设,避免造成新的资源能源浪费。

③着力完善节能型混凝土空心砌块、节能型烧结页岩多孔砖等新型墙体自保温技术体系的应用技术标准,为推动新型节能墙体材料规模化应用提供技术支撑。

4)积极培育新型节能墙体材料产业

以发展墙体自保温技术体系为重点,结合地方资源现状、建筑市场规模、经济发展水平等实际情况,按照因地制宜、均衡布局、扶优扶强的原则,引导区县和企业建立新型节能墙体材料产业化基地,积极培育具有地方特色的新型节能墙体材料产业。一小时经济圈内的各区县以及垫江、丰都、忠县、万州、开县、云阳、奉节和巫山宜重点发展蒸压加气混凝土砌块、节能型烧结页岩空心砖(砌块)和多孔砖,黔江、秀山、酉阳、彭水、石柱、城口和巫溪宜重点发展节能型混凝土空心砌块和蒸压加气混凝土砌块。

5)努力强化墙体材料生产指导与使用监管

通过实施建筑节能技术备案管理制度,加强墙体材料生产技术指导,强化企业诚信行为管理,努力提高新型墙体材料质量。

从设计、检测、施工和验收4个环节同步着手,加强墙体材料使用监督检查,抓好墙体材料使用管理。凡设计选用落后墙体材料或设计不符合相关应用技术标准的,一律不得通过施工图审查;凡未按要求进行入场复验或经复验不符合相关技术标准与设计文件的,一律不得允许使用;凡工程应用情况不符合相关标准规范和设计文件的,整改合格后,方可允许组织竣工验收。

6)加强舆论引导与技术培训

①充分借助展览、会议、杂志、报纸、电视和互联网等平台,采取多种形式和多种渠道,向全社会、全行业宣传发展新型墙体材料的重要意义和政策法规。对在发展新型墙体材料工作中做出显著成绩的单位和个人,要大力表彰奖励,对不严格执行相关标准规范或违反相关政策规定的工程项目,要予以曝光,为发展新型墙体材料营造政府推动、行业拥护、媒体关注、企业参与和百姓支持的良好社会舆论氛围。

②加强技术交流合作,学习借鉴发达国家和国内先进省市经验,切实增强全市发展新型节能墙体材料的技术水平。

③加强对各级城乡建设主管部门以及开发、设计、施工、监理、检测和材料生产企业的技术培训,切实提高全市推广应用新型节能墙体材料的技术能力。

7)加强部门协作和联动

①加强墙体材料生产、流通和使用领域的监督管理,切实提高新型墙体材料产品质量。

②强化行业自律,加强技术服务,努力推动重庆市墙体材料行业持续健康发展。

附　录

附录1　建筑节能常用术语

（1）建筑节能（Building Energy Efficiency）　在保证建筑物使用功能和室内热环境质量的前提下，在建筑物的规划、设计、建造和使用过程中采用节能型的建筑技术和材料，降低建筑能源消耗，合理、有效地利用能源的活动。建筑节能主要是电能有效的减少使用。

（2）民用建筑（Civil Building）　民用建筑是供人们居住和进行公共活动的建筑的总称，是指居住建筑和公共建筑（包括工业建设项目中具有民用建筑功能的建筑）。

（3）居住建筑（Residential Building）　居住建筑是供人们居住使用的建筑。

（4）公共建筑（Public Building）　公共建筑是供人们进行各种公共活动的建筑。

（5）夏热冬冷地区（Cold Winter and Hot Summer Area）　主要分区指标是最冷月平均温度 $0 \sim 10$ ℃，最热月平均温度 $25 \sim 30$ ℃。该地区包括重庆、上海两个直辖市；湖北、湖南、安徽、浙江、江西5省全部；四川、贵州2省东半部；江苏、河南2省南半部；福建省北半部；陕西、甘肃2省南端；广东、广西2省北端。

（6）典型气象年（Typical Meteorological Year，TMY）　以近30年的月平均值为依据，从近10年的资料中选取一年各月接近30年的平均值作为典型气象年。由于选取的月平均值在不同的年份，资料不连续，还需要进行月间平滑处理。

（7）建筑节能50%和65%（50% of Building Energy Efficiency and 65% of Building Energy Efficiency）　在夏热冬冷地区，是指在1980—1981年当地代表性住宅建筑夏季空调加上冬季采暖能耗（折算成每平方米建筑面积每年用于夏季空调和冬季采暖能耗的电能 $kW \cdot h/(m^2 \cdot 年)$）的基础上分别节约50%和65%。

（8）建筑能耗（Building Energy Consumption）　建筑使用能耗，其中包括采暖、空调、热水供应、炊事、照明、家用电器等方面的能耗。

（9）隔热（Heat Insulation）　为减少夏季由太阳辐射和室外空气形成的综合热作用通过围护结构传入室内，防止围护结构内表面温度过高，减少热量传递而采取的建筑构造措施。

（10）建筑物耗冷量指标（Index of Cool Loss of Building）　按照夏季室内热环境设计标准和设定的计算条件，计算出的单位建筑面积在单位时间内消耗的需要由空调设备提供的冷量。

（11）建筑物耗热量指标（Index of Heat Loss of Building）　按照冬季室内热环境设计标准和设定的计算条件，计算出的单位建筑面积在单位时间内消耗的需要由采暖设备提供的热量。

（12）空调年耗电量（Annual Cooling Electricity Consumption）　按照夏季室内热环境设计标准和设定的计算条件，计算出的单位建筑面积空调设备每年所要消耗的电能。

（13）采暖年耗电量（Annual Heating Electricity Consumption）　按照冬季室内热环境设计

标准和设定的计算条件,计算出的单位建筑面积采暖设备每年所要消耗的电能。

（14）空调、采暖设备能效比（Energy Efficiency Ratio,EER）　在额定工况下,空调、采暖设备提供的冷量或热量与设备本身所消耗的能量之比。

（15）空调工程设计能效比（Design Energy Efficiency Ratio of AC Engineering,DEER）　在设计工况下,空调工程提供的冷量或热量与空调工程所消耗的能量之比。

（16）采暖度日数（Heating Degree Day Based on 18 ℃,HDD18）　一年中,当某天室外日平均温度低于 18 ℃时,将低于 18 ℃的度数乘以 1 天,并将此乘积累加。

（17）空调度日数（Cooling Degree Day Based on 26 ℃,CDD26）　一年中,当某天室外日平均温度高于 26 ℃时,将高于 26 ℃的度数乘以 1 天,并将此乘积累加。

（18）空气含湿量（d）（Humidity Ratio of Air）　单位质量的干空气中所含的水蒸气量,单位为 g/kg。

（19）采暖期室外平均温度（t_e）（Out Door Mean Air Temperature During Heating Period）在采暖期起止日期内,室外逐日平均温度的平均值。

（20）围护结构（Building Envelope）　建筑物及房间各面的围挡物,如墙体、屋顶、地板、地面和门窗等,分内外围护结构两类。

（21）围护结构传热系数（K）（Overall Heat Transfer Coefficient of Building Envelope）　围护结构两侧空气温差为 1 K,在单位时间内通过单位面积围护结构的传热量,单位:W/（m^2·K）。

（22）围护结构传热系数的修正系数（ε_i）（Correction Factor for Overall Heat Transfer Coefficient of Building Envelope）　不同地区、不同朝向的围护结构,因受太阳辐射和天空辐射的影响,使得其在两侧空气温差同样为 1 K 情况下,在单位时间内通过单位面积围护结构的传热量要改变。这个改变后的传热量与未受太阳辐射和天空辐射影响的原有传热量的比值,即为围护结构传热系数的修正系数。

（23）围护结构热工性能权衡判断法（Methodology for Building Envelope Tradeoff Option）　当建筑设计不能完全满足规定的围护结构热工设计要求时,计算并比较参照建筑和所设计建筑的全年采暖和空调能耗,判定围护结构的总体热工性能是否符合节能设计要求的方法。

（24）参照建筑（Reference Building）　在进行性能化节能设计时,根据所要设计的建筑模型作为比较对象的一栋符合节能要求的假想建筑。

（25）计算参数（Parameter of Calculation）　在计算建筑能耗和评价建筑节能效果时所采用的统一计算数据。

（26）设计参数（Parameter of Design）　在进行建筑采暖和空调的设计时,根据建筑功能等多方面的要求来确定的设计计算数据。

（27）建筑物体形系数（S）（Shape Coefficient of Building）　建筑物与室外大气接触的外表面积与其所包围的体积的比值。外表面积中,不包括地面和不采暖楼梯间隔墙和户门的面积。

（28）热桥（Thermal Bridge）　围护结构中包含金属、钢筋混凝土或混凝土梁、柱、肋等部位,在室内外温差作用下,形成热流密集、内表面温差较低的部位。这些部位形成传热的桥梁,故称热桥。

（29）窗墙面积比（Area Ratio of Window to Wall）　建筑外墙面上的窗和透明幕墙的总面积与建筑外墙面的总面积（包括其上的窗和透明幕墙的面积）之比。

（30）开间窗墙面积比　窗户洞口面积及房间立面单元面积（即建筑层高与开间定位线围成的面积）的比值。

（31）透明幕墙（Transparent Curtain Wall）　可见光可直接透射入室内的幕墙。

（32）热阻（Thermal Resistance）　表征材料层阻止导热的能力的一个参数,表达式为 $R = \delta / \lambda$,其中 δ 是材料层的厚度,λ 是材料的导热系数,单位为 $(m^2 \cdot K)/W$。

对于多层结构的材料层,其热阻 $R = \sum \delta_i / \lambda_i$。

（33）太阳辐射热吸收系数（ρ）（Absorptance for Solar Radiation）　表面吸收的太阳辐射热与其所接受到的太阳辐射热之比。

（34）太阳辐射强度（I）（Intensity of Solar Radiation）　单位时间内通过单位面积的太阳辐射量,单位为 W/m^2。

（35）遮阳系数（Shading Coefficient,SC）　通过窗户投射到室内的太阳辐射量与相同条件下的标准窗玻璃所形成的太阳辐射量的比值。

（36）导热系数（λ）（Coeffcient of Thermal Conductivity）　在稳定传热条件下,1 m 厚的材料,两侧表面的温差为 1 K 时,单位时间内通过单位面积传递的热量,单位为 $W/(m^2 \cdot K)$。

（37）蓄热系数（S）（Coeffcient of Thermal Storage）　当某一足够厚度单一材料层一侧受到谐波热作用时,表面温度将按同一周期波动。通过表面的热流波幅与表面温度波幅的比值,单位为 $W/(m^2 \cdot K)$。

（38）比热容（c）（Specific Heat）　1 kg 物质,温度升高 1 K 吸收或放出的热量,单位为 $kJ/(kg \cdot K)$。

（39）表面换热系数（a）（Surface Heat Transfer Coefficient）　围护结构表面与附近空气之间的温差为 1 K,单位时间内通过单位面积转移的热量。在内表面,称为内表面换热系数;在外表面,称为外表面换热系数,单位为 $W/(m^2 \cdot \text{℃})$。

（40）热惰性指标（D）（Index of Thermal Inertia）　表征围护结构反抗温度波动和热流波动能力的无量纲指标,其值等于材料层热阻与蓄热系数的乘积。

（41）可见光透射比（Visible Transmittance）　透过玻璃（或其他透明材料）的可见光光通量与投射在其表面上的可见光光通量之比。

（42）灯具效率（Luminaire Dffciency）　在相同的使用条件下,灯具发出的总光通量与灯具内所有光源发出的总光通量之比,也称灯具光输出比。

（43）照明功率密度（Lighting power Density,LPD）　单位面积上的照明安装功率（包括光源、镇流器或变压器）,单位为 W/m^2。

（44）空气源热泵（Air-source Heat Pump）　以空气为低位热源的热泵,通常有空气—空气热泵、空气—水热泵等形式。

（45）水源热泵（Water-source Heat Pump）　以水为低位热源的热泵,通常有水—水热泵、水—空气热泵等形式。

（46）地源热泵（Ground-source Heat Pump）　以土壤或水为热源,以水为载体在封闭环路中循环进行热交换的热泵,通常有地下埋管、井水抽灌和地表水盘管等系统形式。

(47)可再生能源(Renewable Energy) 可再生能源包括太阳能、水能、生物质能、风能、波浪能以及海洋表面与深层之间的热循环等,是可连续再生、永续利用的一次能源。地热能也属于可再生能源。

(48)新能源(New Energy) 在新技术的基础上系统地开发利用的可再生能源,如太阳能、风能、生物质能、海洋能、地热能、氢能等。新能源是世界新技术革命的重要内容,是未来世界持久能源系统的基础。

(49)墙体自保温(Envelope self-insolation) 主要通过采用节能型墙体材料和特定的建筑构造,提高建筑外墙体的热工性能指标的墙体保温构造方式。

附录2 常用文件

(1)《关于发布建设事业"十一五"推广应用和限制禁止使用技术(第一批)的公告》(中华人民共和国建设部公告第659号)

(2)公安部、住房和城乡建设部《关于印发〈民用建筑外保温系统及外墙装饰防火暂行规定〉的通知》公字通〔2009〕46号

(3)重庆市人民政府办公厅《关于印发重庆市国家机关办公建筑和大型公共建筑节能监管体系示范城市建设实施方案的通知》渝办发〔2010〕320号

(4)《重庆市建设领域限制、禁止使用落后技术通告》(第一~六号)

(5)重庆市城乡建设委员会《关于加强民用建筑节能管理工作的通知》渝建发〔2005〕193号

(6)重庆市城乡建设委员会《关于发布重庆市公共建筑集中空调工程设计能效比限制暂行规定的通知》渝建发〔2007〕72号

(7)重庆市城乡建设委员会《关于印发重庆市建筑能效测评与标识管理办法的通知》渝建发〔2008〕19号

(8)重庆市城乡建设委员会《关于加强建筑节能工程施工图设计文件审查合格后的重大变更管理的通知》渝建发〔2008〕39号

(9)重庆市城乡建设委员会和重庆市国土资源和房屋管理局《关于民用建筑实行建筑节能信息公示的通知》渝建发〔2008〕197号

(10)重庆市城乡建设委员会《关于执行居住建筑节能设计标准有关事项的通知》渝建发〔2010〕68号

(11)重庆市城乡建设委员会关于印发《重庆市建筑节能技术备案与性能认定管理办法的通知》渝建发〔2010〕69号

(12)重庆市城乡建设委员会《关于加强民用建筑保温系统防火监督管理的通知》渝建发〔2010〕158号

(13)重庆市城乡建设委员会《关于进一步加强民用建筑保温系统防火监督管理的紧急通知》渝建发〔2010〕615号

(14)重庆市城乡建设委员会《关于禁止使用可燃建筑墙体保温材料的通知》渝建发

〔2011〕22 号

（15）重庆市城乡建设委员会、重庆市财政局《关于印发重庆市可再生能源建筑应用城市示范项目管理办法的通知》渝建发〔2011〕25 号

（16）重庆市城乡建设委员会《关于加快发展新型墙体材料的实施意见》渝建发〔2011〕42 号

（17）重庆市城乡建设委员会《关于切实加快发展绿色建筑的意见》渝建发〔2011〕43 号

（18）重庆市城乡建设委员会关于印发《重庆市建筑节能"十二五"专项规划的通知》渝建发〔2011〕48 号

（19）重庆市城乡建设委员会《关于加强建筑保温隔热材料使用管理的通知》渝建发〔2011〕123 号

（20）重庆市城乡建设委员会《关于印发重庆市国家机关办公建筑和大型公共建筑节能监管体系示范城市建设工作方案的通知》渝建发〔2011〕523 号

（21）重庆市城乡建设委员会《关于印发重庆市建筑材料热物理性能指标取值管理办法（试行）的通知》渝建发〔2012〕13 号

（22）重庆市城乡建设委员会《关于建立建筑节能设计质量自审责任制的通知》渝建发〔2010〕160 号

（23）重庆市城乡建设委员会《关于印发重庆市绿色建筑评价标识管理办法（试行）的通知》渝建〔2011〕117 号

（24）重庆市城乡建设委员会《关于印发市外设计单位落实建筑节能设计质量自审责任制的有关规定的通知》渝建〔2011〕384 号

附录3 民用建筑节能条例

第一章 总则

第一条 为了加强民用建筑节能管理,降低民用建筑使用过程中的能源消耗,提高能源利用效率,制定本条例。

第二条 本条例所称民用建筑节能,是指在保证民用建筑使用功能和室内热环境质量的前提下,降低其使用过程中能源消耗的活动。

本条例所称民用建筑,是指居住建筑、国家机关办公建筑和商业、服务业、教育、卫生等其他公共建筑。

第三条 各级人民政府应当加强对民用建筑节能工作的领导,积极培育民用建筑节能服务市场,健全民用建筑节能服务体系,推动民用建筑节能技术的开发应用,做好民用建筑节能知识的宣传教育工作。

第四条 国家鼓励和扶持在新建建筑和既有建筑节能改造中采用太阳能、地热能等可再生能源。

在具备太阳能利用条件的地区,有关地方人民政府及其部门应当采取有效措施,鼓励和扶持单位、个人安装使用太阳能热水系统、照明系统、供热系统、采暖制冷系统等太阳能利用

系统。

第五条　国务院建设主管部门负责全国民用建筑节能的监督管理工作。县级以上地方人民政府建设主管部门负责本行政区域民用建筑节能的监督管理工作。

县级以上人民政府有关部门应当依照本条例的规定以及本级人民政府规定的职责分工,负责民用建筑节能的有关工作。

第六条　国务院建设主管部门应当在国家节能中长期专项规划指导下,编制全国民用建筑节能规划,并与相关规划相衔接。

县级以上地方人民政府建设主管部门应当组织编制本行政区域的民用建筑节能规划,报本级人民政府批准后实施。

第七条　国家建立健全民用建筑节能标准体系。国家民用建筑节能标准由国务院建设主管部门负责组织制定,并依照法定程序发布。

国家鼓励制定、采用优于国家民用建筑节能标准的地方民用建筑节能标准。

第八条　县级以上人民政府应当安排民用建筑节能资金,用于支持民用建筑节能的科学技术研究和标准制定、既有建筑围护结构和供热系统的节能改造、可再生能源的应用,以及民用建筑节能示范工程、节能项目的推广。

政府引导金融机构对既有建筑节能改造、可再生能源的应用,以及民用建筑节能示范工程等项目提供支持。

民用建筑节能项目依法享受税收优惠。

第九条　国家积极推进供热体制改革,完善供热价格形成机制,鼓励发展集中供热,逐步实行按照用热量收费制度。

第十条　对在民用建筑节能工作中做出显著成绩的单位和个人,按照国家有关规定给予表彰和奖励。

第二章　新建建筑节能

第十一条　国家推广使用民用建筑节能的新技术、新工艺、新材料和新设备,限制使用或者禁止使用能源消耗高的技术、工艺、材料和设备。国务院节能工作主管部门、建设主管部门应当制定、公布并及时更新推广使用、限制使用、禁止使用目录。

国家限制进口或者禁止进口能源消耗高的技术、材料和设备。

建设单位、设计单位、施工单位不得在建筑活动中使用列入禁止使用目录的技术、工艺、材料和设备。

第十二条　编制城市详细规划、镇详细规划,应当按照民用建筑节能的要求,确定建筑的布局、形状和朝向。

城乡规划主管部门依法对民用建筑进行规划审查,应当就设计方案是否符合民用建筑节能强制性标准征求同级建设主管部门的意见;建设主管部门应当自收到征求意见材料之日起10日内提出意见。征求意见时间不计算在规划许可的期限内。

对不符合民用建筑节能强制性标准的,不得颁发建设工程规划许可证。

第十三条　施工图设计文件审查机构应当按照民用建筑节能强制性标准对施工图设计文件进行审查;经审查不符合民用建筑节能强制性标准的,县级以上地方人民政府建设主管部门不得颁发施工许可证。

第十四条　建设单位不得明示或者暗示设计单位、施工单位违反民用建筑节能强制性标准进行设计、施工,不得明示或者暗示施工单位使用不符合施工图设计文件要求的墙体材料、保温材料、门窗、采暖制冷系统和照明设备。

按照合同约定由建设单位采购墙体材料、保温材料、门窗、采暖制冷系统和照明设备的,建设单位应当保证其符合施工图设计文件要求。

第十五条　设计单位、施工单位、工程监理单位及其注册执业人员,应当按照民用建筑节能强制性标准进行设计、施工、监理。

第十六条　施工单位应当对进入施工现场的墙体材料、保温材料、门窗、采暖制冷系统和照明设备进行查验;不符合施工图设计文件要求的,不得使用。

工程监理单位发现施工单位不按照民用建筑节能强制性标准施工的,应当要求施工单位改正;施工单位拒不改正的,工程监理单位应当及时报告建设单位,并向有关主管部门报告。

墙体、屋面的保温工程施工时,监理工程师应当按照工程监理规范的要求,采取旁站、巡视和平行检验等形式实施监理。

未经监理工程师签字,墙体材料、保温材料、门窗、采暖制冷系统和照明设备不得在建筑上使用或者安装,施工单位不得进行下一道工序的施工。

第十七条　建设单位组织竣工验收,应当对民用建筑是否符合民用建筑节能强制性标准进行查验;对不符合民用建筑节能强制性标准的,不得出具竣工验收合格报告。

第十八条　实行集中供热的建筑应当安装供热系统调控装置、用热计量装置和室内温度调控装置;公共建筑还应当安装用电分项计量装置。居住建筑安装的用热计量装置应当满足分户计量的要求。

计量装置应当依法检定合格。

第十九条　建筑的公共走廊、楼梯等部位,应当安装、使用节能灯具和电气控制装置。

第二十条　对具备可再生能源利用条件的建筑,建设单位应当选择合适的可再生能源,用于采暖、制冷、照明和热水供应等;设计单位应当按照有关可再生能源利用的标准进行设计。

建设可再生能源利用设施,应当与建筑主体工程同步设计、同步施工、同步验收。

第二十一条　国家机关办公建筑和大型公共建筑的所有权人应当对建筑的能源利用效率进行测评和标识,并按照国家有关规定将测评结果予以公示,接受社会监督。

国家机关办公建筑应当安装、使用节能设备。

本条例所称大型公共建筑,是指单体建筑面积2万平方米以上的公共建筑。

第二十二条　房地产开发企业销售商品房,应当向购买人明示所售商品房的能源消耗指标、节能措施和保护要求、保温工程保修期等信息,并在商品房买卖合同和住宅质量保证书、住宅使用说明书中载明。

第二十三条　在正常使用条件下,保温工程的最低保修期限为5年。保温工程的保修期,自竣工验收合格之日起计算。

保温工程在保修范围和保修期内发生质量问题的,施工单位应当履行保修义务,并对造成的损失依法承担赔偿责任。

第三章　既有建筑节能

第二十四条　既有建筑节能改造应当根据当地经济、社会发展水平和地理气候条件等实际情况,有计划、分步骤地实施分类改造。

本条例所称既有建筑节能改造,是指对不符合民用建筑节能强制性标准的既有建筑的围护结构、供热系统、采暖制冷系统、照明设备和热水供应设施等实施节能改造的活动。

第二十五条　县级以上地方人民政府建设主管部门应当对本行政区域内既有建筑的建设年代、结构形式、用能系统、能源消耗指标、寿命周期等组织调查统计和分析,制定既有建筑节能改造计划,明确节能改造的目标、范围和要求,报本级人民政府批准后组织实施。

中央国家机关既有建筑的节能改造,由有关管理机关事务工作的机构制定节能改造计划,并组织实施。

第二十六条　国家机关办公建筑、政府投资和以政府投资为主的公共建筑的节能改造,应当制定节能改造方案,经充分论证,并按照国家有关规定办理相关审批手续方可进行。

各级人民政府及其有关部门、单位不得违反国家有关规定和标准,以节能改造的名义对前款规定的既有建筑进行扩建、改建。

第二十七条　居住建筑和本条例第二十六条规定以外的其他公共建筑不符合民用建筑节能强制性标准的,在尊重建筑所有权人意愿的基础上,可以结合扩建、改建,逐步实施节能改造。

第二十八条　实施既有建筑节能改造,应当符合民用建筑节能强制性标准,优先采用遮阳、改善通风等低成本改造措施。

既有建筑围护结构的改造和供热系统的改造,应当同步进行。

第二十九条　对实行集中供热的建筑进行节能改造,应当安装供热系统调控装置和用热计量装置;对公共建筑进行节能改造,还应当安装室内温度调控装置和用电分项计量装置。

第三十条　国家机关办公建筑的节能改造费用,由县级以上人民政府纳入本级财政预算。

居住建筑和教育、科学、文化、卫生、体育等公益事业使用的公共建筑节能改造费用,由政府、建筑所有权人共同负担。

国家鼓励社会资金投资既有建筑节能改造。

第四章　建筑用能系统运行节能

第三十一条　建筑所有权人或者使用权人应当保证建筑用能系统的正常运行,不得人为损坏建筑围护结构和用能系统。

国家机关办公建筑和大型公共建筑的所有权人或者使用权人应当建立健全民用建筑节能管理制度和操作规程,对建筑用能系统进行监测、维护,并定期将分项用电量报县级以上地方人民政府建设主管部门。

第三十二条　县级以上地方人民政府节能工作主管部门应当会同同级建设主管部门确

定本行政区域内公共建筑重点用电单位及其年度用电限额。

县级以上地方人民政府建设主管部门应当对本行政区域内国家机关办公建筑和公共建筑用电情况进行调查统计和评价分析。国家机关办公建筑和大型公共建筑采暖、制冷、照明的能源消耗情况应当依照法律、行政法规和国家其他有关规定向社会公布。

国家机关办公建筑和公共建筑的所有权人或者使用权人应当对县级以上地方人民政府建设主管部门的调查统计工作予以配合。

第三十三条　供热单位应当建立健全相关制度,加强对专业技术人员的教育和培训。

供热单位应当改进技术装备,实施计量管理,并对供热系统进行监测、维护,提高供热系统的效率,保证供热系统的运行符合民用建筑节能强制性标准。

第三十四条　县级以上地方人民政府建设主管部门应当对本行政区域内供热单位的能源消耗情况进行调查统计和分析,并制定供热单位能源消耗指标;对超过能源消耗指标的,应当要求供热单位制定相应的改进措施,并监督实施。

第五章　法律责任

第三十五条　违反本条例规定,县级以上人民政府有关部门有下列行为之一的,对负有责任的主管人员和其他直接责任人员依法给予处分;构成犯罪的,依法追究刑事责任:

(一)对设计方案不符合民用建筑节能强制性标准的民用建筑项目颁发建设工程规划许可证的;

(二)对不符合民用建筑节能强制性标准的设计方案出具合格意见的;

(三)对施工图设计文件不符合民用建筑节能强制性标准的民用建筑项目颁发施工许可证的;

(四)不依法履行监督管理职责的其他行为。

第三十六条　违反本条例规定,各级人民政府及其有关部门、单位违反国家有关规定和标准,以节能改造的名义对既有建筑进行扩建、改建的,对负有责任的主管人员和其他直接责任人员,依法给予处分。

第三十七条　违反本条例规定,建设单位有下列行为之一的,由县级以上地方人民政府建设主管部门责令改正,处20万元以上50万元以下的罚款:

(一)明示或者暗示设计单位、施工单位违反民用建筑节能强制性标准进行设计、施工的;

(二)明示或者暗示施工单位使用不符合施工图设计文件要求的墙体材料、保温材料、门窗、采暖制冷系统和照明设备的;

(三)采购不符合施工图设计文件要求的墙体材料、保温材料、门窗、采暖制冷系统和照明设备的;

(四)使用列入禁止使用目录的技术、工艺、材料和设备的。

第三十八条　违反本条例规定,建设单位对不符合民用建筑节能强制性标准的民用建筑项目出具竣工验收合格报告的,由县级以上地方人民政府建设主管部门责令改正,处民用建筑项目合同价款2%以上4%以下的罚款;造成损失的,依法承担赔偿责任。

第三十九条　违反本条例规定,设计单位未按照民用建筑节能强制性标准进行设计,或者使用列入禁止使用目录的技术、工艺、材料和设备的,由县级以上地方人民政府建设主管部门责令改正,处10万元以上30万元以下的罚款;情节严重的,由颁发资质证书的部门责令停业整顿,降低资质等级或者吊销资质证书;造成损失的,依法承担赔偿责任。

第四十条　违反本条例规定,施工单位未按照民用建筑节能强制性标准进行施工的,由县级以上地方人民政府建设主管部门责令改正,处民用建筑项目合同价款2%以上4%以下的罚款;情节严重的,由颁发资质证书的部门责令停业整顿,降低资质等级或者吊销资质证书;造成损失的,依法承担赔偿责任。

第四十一条　违反本条例规定,施工单位有下列行为之一的,由县级以上地方人民政府建设主管部门责令改正,处10万元以上20万元以下的罚款;情节严重的,由颁发资质证书的部门责令停业整顿,降低资质等级或者吊销资质证书;造成损失的,依法承担赔偿责任:

（一）未对进入施工现场的墙体材料、保温材料、门窗、采暖制冷系统和照明设备进行查验的;

（二）使用不符合施工图设计文件要求的墙体材料、保温材料、门窗、采暖制冷系统和照明设备的;

（三）使用列入禁止使用目录的技术、工艺、材料和设备的。

第四十二条　违反本条例规定,工程监理单位有下列行为之一的,由县级以上地方人民政府建设主管部门责令限期改正;逾期未改正的,处10万元以上30万元以下的罚款;情节严重的,由颁发资质证书的部门责令停业整顿,降低资质等级或者吊销资质证书;造成损失的,依法承担赔偿责任:

（一）未按照民用建筑节能强制性标准实施监理的;

（二）墙体、屋面的保温工程施工时,未采取旁站、巡视和平行检验等形式实施监理的。

对不符合施工图设计文件要求的墙体材料、保温材料、门窗、采暖制冷系统和照明设备,按照符合施工图设计文件要求签字的,依照《建设工程质量管理条例》第六十七条的规定处罚。

第四十三条　违反本条例规定,房地产开发企业销售商品房,未向购买人明示所售商品房的能源消耗指标、节能措施和保护要求、保温工程保修期等信息,或者向购买人明示的所售商品房能源消耗指标与实际能源消耗不符的,依法承担民事责任;由县级以上地方人民政府建设主管部门责令限期改正;逾期未改正的,处交付使用的房屋销售总额2%以下的罚款;情节严重的,由颁发资质证书的部门降低资质等级或者吊销资质证书。

第四十四条　违反本条例规定,注册执业人员未执行民用建筑节能强制性标准的,由县级以上人民政府建设主管部门责令停止执业3个月以上1年以下;情节严重的,由颁发资格证书的部门吊销执业资格证书,5年内不予注册。

第六章　附　则

第四十五条　本条例自2008年10月1日起施行。

附录4 建设工程质量管理条例

（2000年1月10日国务院第25次常务会议通过 2000年1月30日中华人民共和国国务院令第279号公布 自公布之日起施行）

第一章 总则

第一条 为了加强对建设工程质量的管理,保证建设工程质量,保护人民生命和财产安全,根据《中华人民共和国建筑法》,制定本条例。

第二条 凡在中华人民共和国境内从事建设工程的新建、扩建、改建等有关活动及实施对建设工程质量监督管理的,必须遵守本条例。

本条例所称建设工程,是指土木工程、建筑工程、线路管道和设备安装工程及装修工程。

第三条 建设单位、勘察单位、设计单位、施工单位、工程监理单位依法对建设工程质量负责。

第四条 县级以上人民政府建设行政主管部门和其他有关部门应当加强对建设工程质量的监督管理。

第五条 从事建设工程活动,必须严格执行基本建设程序,坚持先勘察、后设计、再施工的原则。

县级以上人民政府及其有关部门不得超越权限审批建设项目或者擅自简化基本建设程序。

第六条 国家鼓励采用先进的科学技术和管理方法,提高建设工程质量。

第二章 建设单位的质量责任和义务

第七条 建设单位应当将工程发包给具有相应资质等级的单位。

建设单位不得将建设工程肢解发包。

第八条 建设单位应当依法对工程建设项目的勘察、设计、施工、监理以及与工程建设有关的重要设备、材料等的采购进行招标。

第九条 建设单位必须向有关的勘察、设计、施工、工程监理等单位提供与建设工程有关的原始资料。

原始资料必须真实、准确、齐全。

第十条 建设工程发包单位不得迫使承包方以低于成本的价格竞标,不得任意压缩合理工期。

建设单位不得明示或者暗示设计单位或者施工单位违反工程建设强制性标准,降低建设工程质量。

第十一条 建设单位应当将施工图设计文件报县级以上人民政府建设行政主管部门或者其他有关部门审查。施工图设计文件审查的具体办法,由国务院建设行政主管部门会同国务院其他有关部门制定。

施工图设计文件未经审查批准的,不得使用。

153

第十二条　实行监理的建设工程,建设单位应当委托具有相应资质等级的工程监理单位进行监理,也可以委托具有工程监理相应资质等级并与被监理工程的施工承包单位没有隶属关系或者其他利害关系的该工程的设计单位进行监理。

下列建设工程必须实行监理:

(一)国家重点建设工程;

(二)大中型公用事业工程;

(三)成片开发建设的住宅小区工程;

(四)利用外国政府或者国际组织贷款、援助资金的工程;

(五)国家规定必须实行监理的其他工程。

第十三条　建设单位在领取施工许可证或者开工报告前,应当按照国家有关规定办理工程质量监督手续。

第十四条　按照合同约定,由建设单位采购建筑材料、建筑构配件和设备的,建设单位应当保证建筑材料、建筑构配件和设备符合设计文件和合同要求。

建设单位不得明示或者暗示施工单位使用不合格的建筑材料、建筑构配件和设备。

第十五条　涉及建筑主体和承重结构变动的装修工程,建设单位应当在施工前委托原设计单位或者具有相应资质等级的设计单位提出设计方案;没有设计方案的,不得施工。

房屋建筑使用者在装修过程中,不得擅自变动房屋建筑主体和承重结构。

第十六条　建设单位收到建设工程竣工报告后,应当组织设计、施工、工程监理等有关单位进行竣工验收。

建设工程竣工验收应当具备下列条件:

(一)完成建设工程设计和合同约定的各项内容;

(二)有完整的技术档案和施工管理资料;

(三)有工程使用的主要建筑材料、建筑构配件和设备的进场试验报告;

(四)有勘察、设计、施工、工程监理等单位分别签署的质量合格文件;

(五)有施工单位签署的工程保修书。

建设工程经验收合格的,方可交付使用。

第十七条　建设单位应当严格按照国家有关档案管理的规定,及时收集、整理建设项目各环节的文件资料,建立、健全建设项目档案,并在建设工程竣工验收后,及时向建设行政主管部门或者其他有关部门移交建设项目档案。

第三章　勘察、设计单位的质量责任和义务

第十八条　从事建设工程勘察、设计的单位应当依法取得相应等级的资质证书,并在其资质等级许可的范围内承揽工程。

禁止勘察、设计单位超越其资质等级许可的范围或者以其他勘察、设计单位的名义承揽工程。禁止勘察、设计单位允许其他单位或者个人以本单位的名义承揽工程。

勘察、设计单位不得转包或者违法分包所承揽的工程。

第十九条　勘察、设计单位必须按照工程建设强制性标准进行勘察、设计,并对其勘察、设计的质量负责。

注册建筑师、注册结构工程师等注册执业人员应当在设计文件上签字,对设计文件负责。

第二十条　勘察单位提供的地质、测量、水文等勘察成果必须真实、准确。

第二十一条　设计单位应当根据勘察成果文件进行建设工程设计。

设计文件应当符合国家规定的设计深度要求,注明工程合理使用年限。

第二十二条　设计单位在设计文件中选用的建筑材料、建筑构配件和设备,应当注明规格、型号、性能等技术指标,其质量要求必须符合国家规定的标准。

除有特殊要求的建筑材料、专用设备、工艺生产线等外,设计单位不得指定生产厂、供应商。

第二十三条　设计单位应当就审查合格的施工图设计文件向施工单位作出详细说明。

第二十四条　设计单位应当参与建设工程质量事故分析,并对因设计造成的质量事故,提出相应的技术处理方案。

第四章　施工单位的质量责任和义务

第二十五条　施工单位应当依法取得相应等级的资质证书,并在其资质等级许可的范围内承揽工程。

禁止施工单位超越本单位资质等级许可的业务范围或者以其他施工单位的名义承揽工程。禁止施工单位允许其他单位或者个人以本单位的名义承揽工程。

施工单位不得转包或者违法分包工程。

第二十六条　施工单位对建设工程的施工质量负责。

施工单位应当建立质量责任制,确定工程项目的项目经理、技术负责人和施工管理负责人。

建设工程实行总承包的,总承包单位应当对全部建设工程质量负责;建设工程勘察、设计、施工、设备采购的一项或者多项实行总承包的,总承包单位应当对其承包的建设工程或者采购的设备的质量负责。

第二十七条　总承包单位依法将建设工程分包给其他单位的,分包单位应当按照分包合同的约定对其分包工程的质量向总承包单位负责,总承包单位与分包单位对分包工程的质量承担连带责任。

第二十八条　施工单位必须按照工程设计图纸和施工技术标准施工,不得擅自修改工程设计,不得偷工减料。

施工单位在施工过程中发现设计文件和图纸有差错的,应当及时提出意见和建议。

第二十九条　施工单位必须按照工程设计要求、施工技术标准和合同约定,对建筑材料、建筑构配件、设备和商品混凝土进行检验,检验应当有书面记录和专人签字;未经检验或者检验不合格的,不得使用。

第三十条　施工单位必须建立、健全施工质量的检验制度,严格工序管理,作好隐蔽工程的质量检查和记录。隐蔽工程在隐蔽前,施工单位应当通知建设单位和建设工程质量监督机构。

第三十一条　施工人员对涉及结构安全的试块、试件以及有关材料,应当在建设单位或者工程监理单位监督下现场取样,并送具有相应资质等级的质量检测单位进行检测。

第三十二条 施工单位对施工中出现质量问题的建设工程或者竣工验收不合格的建设工程,应当负责返修。

第三十三条 施工单位应当建立、健全教育培训制度,加强对职工的教育培训;未经教育培训或者考核不合格的人员,不得上岗作业。

第五章 工程监理单位的质量责任和义务

第三十四条 工程监理单位应当依法取得相应等级的资质证书,并在其资质等级许可的范围内承担工程监理业务。

禁止工程监理单位超越本单位资质等级许可的范围或者以其他工程监理单位的名义承担工程监理业务。禁止工程监理单位允许其他单位或者个人以本单位的名义承担工程监理业务。

工程监理单位不得转让工程监理业务。

第三十五条 工程监理单位与被监理工程的施工承包单位以及建筑材料、建筑构配件和设备供应单位有隶属关系或者其他利害关系的,不得承担该项建设工程的监理业务。

第三十六条 工程监理单位应当依照法律、法规以及有关技术标准、设计文件和建设工程承包合同,代表建设单位对施工质量实施监理,并对施工质量承担监理责任。

第三十七条 工程监理单位应当选派具备相应资格的总监理工程师和监理工程师进驻施工现场。

未经监理工程师签字,建筑材料、建筑构配件和设备不得在工程上使用或者安装,施工单位不得进行下一道工序的施工。未经总监理工程师签字,建设单位不拨付工程款,不进行竣工验收。

第三十八条 监理工程师应当按照工程监理规范的要求,采取旁站、巡视和平行检验等形式,对建设工程实施监理。

第六章 建设工程质量保修

第三十九条 建设工程实行质量保修制度。

建设工程承包单位在向建设单位提交工程竣工验收报告时,应当向建设单位出具质量保修书。质量保修书中应当明确建设工程的保修范围、保修期限和保修责任等。

第四十条 在正常使用条件下,建设工程的最低保修期限为:

(一)基础设施工程、房屋建筑的地基基础工程和主体结构工程,为设计文件规定的该工程的合理使用年限;

(二)屋面防水工程、有防水要求的卫生间、房间和外墙面的防渗漏,为5年;

(三)供热与供冷系统,为2个采暖期、供冷期;

(四)电气管线、给排水管道、设备安装和装修工程,为2年。

其他项目的保修期限由发包方与承包方约定。

建设工程的保修期,自竣工验收合格之日起计算。

第四十一条 建设工程在保修范围和保修期限内发生质量问题的,施工单位应当履行保修义务,并对造成的损失承担赔偿责任。

第四十二条 建设工程在超过合理使用年限后需要继续使用的,产权所有人应当委托具有相应资质等级的勘察、设计单位鉴定,并根据鉴定结果采取加固、维修等措施,重新界定使用期。

第七章 监督管理

第四十三条 国家实行建设工程质量监督管理制度。

国务院建设行政主管部门对全国的建设工程质量实施统一监督管理。国务院铁路、交通、水利等有关部门按照国务院规定的职责分工,负责对全国的有关专业建设工程质量的监督管理。

县级以上地方人民政府建设行政主管部门对本行政区域内的建设工程质量实施监督管理。县级以上地方人民政府交通、水利等有关部门在各自的职责范围内,负责对本行政区域内的专业建设工程质量的监督管理。

第四十四条 国务院建设行政主管部门和国务院铁路、交通、水利等有关部门应当加强对有关建设工程质量的法律、法规和强制性标准执行情况的监督检查。

第四十五条 国务院发展计划部门按照国务院规定的职责,组织稽察特派员,对国家出资的重大建设项目实施监督检查。

国务院经济贸易主管部门按照国务院规定的职责,对国家重大技术改造项目实施监督检查。

第四十六条 建设工程质量监督管理,可以由建设行政主管部门或者其他有关部门委托的建设工程质量监督机构具体实施。

从事房屋建筑工程和市政基础设施工程质量监督的机构,必须按照国家有关规定经国务院建设行政主管部门或者省、自治区、直辖市人民政府建设行政主管部门考核;从事专业建设工程质量监督的机构,必须按照国家有关规定经国务院有关部门或者省、自治区、直辖市人民政府有关部门考核。经考核合格后,方可实施质量监督。

第四十七条 县级以上地方人民政府建设行政主管部门和其他有关部门应当加强对有关建设工程质量的法律、法规和强制性标准执行情况的监督检查。

第四十八条 县级以上人民政府建设行政主管部门和其他有关部门履行监督检查职责时,有权采取下列措施:

(一)要求被检查的单位提供有关工程质量的文件和资料;

(二)进入被检查单位的施工现场进行检查;

(三)发现有影响工程质量的问题时,责令改正。

第四十九条 建设单位应当自建设工程竣工验收合格之日起 15 日内,将建设工程竣工验收报告和规划、公安消防、环保等部门出具的认可文件或者准许使用文件报建设行政主管部门或者其他有关部门备案。

建设行政主管部门或者其他有关部门发现建设单位在竣工验收过程中有违反国家有关建设工程质量管理规定行为的,责令停止使用,重新组织竣工验收。

第五十条 有关单位和个人对县级以上人民政府建设行政主管部门和其他有关部门进

行的监督检查应当支持与配合,不得拒绝或者阻碍建设工程质量监督检查人员依法执行职务。

第五十一条 供水、供电、供气、公安消防等部门或者单位不得明示或者暗示建设单位、施工单位购买其指定的生产供应单位的建筑材料、建筑构配件和设备。

第五十二条 建设工程发生质量事故,有关单位应当在 24 小时内向当地建设行政主管部门和其他有关部门报告。对重大质量事故,事故发生地的建设行政主管部门和其他有关部门应当按照事故类别和等级向当地人民政府和上级建设行政主管部门和其他有关部门报告。

特别重大质量事故的调查程序按照国务院有关规定办理。

第五十三条 任何单位和个人对建设工程的质量事故、质量缺陷都有权检举、控告、投诉。

第八章 罚则

第五十四条 违反本条例规定,建设单位将建设工程发包给不具有相应资质等级的勘察、设计、施工单位或者委托给不具有相应资质等级的工程监理单位的,责令改正,处 50 万元以上 100 万元以下的罚款。

第五十五条 违反本条例规定,建设单位将建设工程肢解发包的,责令改正,处工程合同价款百分之零点五以上百分之一以下的罚款;对全部或者部分使用国有资金的项目,并可以暂停项目执行或者暂停资金拨付。

第五十六条 违反本条例规定,建设单位有下列行为之一的,责令改正,处 20 万元以上 50 万元以下的罚款:

(一)迫使承包方以低于成本的价格竞标的;

(二)任意压缩合理工期的;

(三)明示或者暗示设计单位或者施工单位违反工程建设强制性标准,降低工程质量的;

(四)施工图设计文件未经审查或者审查不合格,擅自施工的;

(五)建设项目必须实行工程监理而未实行工程监理的;

(六)未按照国家规定办理工程质量监督手续的;

(七)明示或者暗示施工单位使用不合格的建筑材料、建筑构配件和设备的;

(八)未按照国家规定将竣工验收报告、有关认可文件或者准许使用文件报送备案的。

第五十七条 违反本条例规定,建设单位未取得施工许可证或者开工报告未经批准,擅自施工的,责令停止施工,限期改正,处工程合同价款百分之一以上百分之二以下的罚款。

第五十八条 违反本条例规定,建设单位有下列行为之一的,责令改正,处工程合同价款百分之二以上百分之四以下的罚款;造成损失的,依法承担赔偿责任:

(一)未组织竣工验收,擅自交付使用的;

(二)验收不合格,擅自交付使用的;

(三)对不合格的建设工程按照合格工程验收的。

第五十九条 违反本条例规定,建设工程竣工验收后,建设单位未向建设行政主管部门或者其他有关部门移交建设项目档案的,责令改正,处 1 万元以上 10 万元以下的罚款。

第六十条　违反本条例规定,勘察、设计、施工、工程监理单位超越本单位资质等级承揽工程的,责令停止违法行为,对勘察、设计单位或者工程监理单位处合同约定的勘察费、设计费或者监理酬金 1 倍以上 2 倍以下的罚款;对施工单位处工程合同价款百分之二以上百分之四以下的罚款,可以责令停业整顿,降低资质等级;情节严重的,吊销资质证书;有违法所得的,予以没收。

未取得资质证书承揽工程的,予以取缔,依照前款规定处以罚款;有违法所得的,予以没收。

以欺骗手段取得资质证书承揽工程的,吊销资质证书,依照本条第一款规定处以罚款;有违法所得的,予以没收。

第六十一条　违反本条例规定,勘察、设计、施工、工程监理单位允许其他单位或者个人以本单位名义承揽工程的,责令改正,没收违法所得,对勘察、设计单位和工程监理单位处合同约定的勘察费、设计费和监理酬金 1 倍以上 2 倍以下的罚款;对施工单位处工程合同价款百分之二以上百分之四以下的罚款;可以责令停业整顿,降低资质等级;情节严重的,吊销资质证书。

第六十二条　违反本条例规定,承包单位将承包的工程转包或者违法分包的,责令改正,没收违法所得,对勘察、设计单位处合同约定的勘察费、设计费百分之二十五以上百分之五十以下的罚款;对施工单位处工程合同价款百分之零点五以上百分之一以下的罚款;可以责令停业整顿,降低资质等级;情节严重的,吊销资质证书。

工程监理单位转让工程监理业务的,责令改正,没收违法所得,处合同约定的监理酬金百分之二十五以上百分之五十以下的罚款;可以责令停业整顿,降低资质等级;情节严重的,吊销资质证书。

第六十三条　违反本条例规定,有下列行为之一的,责令改正,处 10 万元以上 30 万元以下的罚款:

(一)勘察单位未按照工程建设强制性标准进行勘察的;

(二)设计单位未根据勘察成果文件进行工程设计的;

(三)设计单位指定建筑材料、建筑构配件的生产厂、供应商的;

(四)设计单位未按照工程建设强制性标准进行设计的。

有前款所列行为,造成工程质量事故的,责令停业整顿,降低资质等级;情节严重的,吊销资质证书;造成损失的,依法承担赔偿责任。

第六十四条　违反本条例规定,施工单位在施工中偷工减料的,使用不合格的建筑材料、建筑构配件和设备的,或者有不按照工程设计图纸或者施工技术标准施工的其他行为的,责令改正,处工程合同价款百分之二以上百分之四以下的罚款;造成建设工程质量不符合规定的质量标准的,负责返工、修理,并赔偿因此造成的损失;情节严重的,责令停业整顿,降低资质等级或者吊销资质证书。

第六十五条　违反本条例规定,施工单位未对建筑材料、建筑构配件、设备和商品混凝土进行检验,或者未对涉及结构安全的试块、试件以及有关材料取样检测的,责令改正,处 10 万元以上 20 万元以下的罚款;情节严重的,责令停业整顿,降低资质等级或者吊销资质证书;造成损失的,依法承担赔偿责任。

第六十六条 违反本条例规定,施工单位不履行保修义务或者拖延履行保修义务的,责令改正,处10万元以上20万元以下的罚款,并对在保修期内因质量缺陷造成的损失承担赔偿责任。

第六十七条 工程监理单位有下列行为之一的,责令改正,处50万元以上100万元以下的罚款,降低资质等级或者吊销资质证书;有违法所得的,予以没收;造成损失的,承担连带赔偿责任:

(一)与建设单位或者施工单位串通,弄虚作假、降低工程质量的;

(二)将不合格的建设工程、建筑材料、建筑构配件和设备按照合格签字的。

第六十八条 违反本条例规定,工程监理单位与被监理工程的施工承包单位以及建筑材料、建筑构配件和设备供应单位有隶属关系或者其他利害关系承担该项建设工程的监理业务的,责令改正,处5万元以上10万元以下的罚款,降低资质等级或者吊销资质证书;有违法所得的,予以没收。

第六十九条 违反本条例规定,涉及建筑主体或者承重结构变动的装修工程,没有设计方案擅自施工的,责令改正,处50万元以上100万元以下的罚款;房屋建筑使用者在装修过程中擅自变动房屋建筑主体和承重结构的,责令改正,处5万元以上10万元以下的罚款。

有前款所列行为,造成损失的,依法承担赔偿责任。

第七十条 发生重大工程质量事故隐瞒不报、谎报或者拖延报告期限的,对直接负责的主管人员和其他责任人员依法给予行政处分。

第七十一条 违反本条例规定,供水、供电、供气、公安消防等部门或者单位明示或者暗示建设单位或者施工单位购买其指定的生产供应单位的建筑材料、建筑构配件和设备的,责令改正。

第七十二条 违反本条例规定,注册建筑师、注册结构工程师、监理工程师等注册执业人员因过错造成质量事故的,责令停止执业1年;造成重大质量事故的,吊销执业资格证书,5年以内不予注册;情节特别恶劣的,终身不予注册。

第七十三条 依照本条例规定,给予单位罚款处罚的,对单位直接负责的主管人员和其他直接责任人员处单位罚款数额百分之五以上百分之十以下的罚款。

第七十四条 建设单位、设计单位、施工单位、工程监理单位违反国家规定,降低工程质量标准,造成重大安全事故,构成犯罪的,对直接责任人员依法追究刑事责任。

第七十五条 本条例规定的责令停业整顿、降低资质等级和吊销资质证书的行政处罚,由颁发资质证书的机关决定;其他行政处罚,由建设行政主管部门或者其他有关部门依照法定职权决定。

依照本条例规定被吊销资质证书的,由工商行政管理部门吊销其营业执照。

第七十六条 国家机关工作人员在建设工程质量监督管理工作中玩忽职守、滥用职权、徇私舞弊,构成犯罪的,依法追究刑事责任;尚不构成犯罪的,依法给予行政处分。

第七十七条 建设、勘察、设计、施工、工程监理单位的工作人员因调动工作、退休等原因离开该单位后,被发现在该单位工作期间违反国家有关建设工程质量管理规定,造成重大工程质量事故的,仍应当依法追究法律责任。

第九章　附则

第七十八条　本条例所称肢解发包,是指建设单位将应当由一个承包单位完成的建设工程分解成若干部分发包给不同的承包单位的行为。

本条例所称违法分包,是指下列行为:

(一)总承包单位将建设工程分包给不具备相应资质条件的单位的;

(二)建设工程总承包合同中未有约定,又未经建设单位认可,承包单位将其承包的部分建设工程交由其他单位完成的;

(三)施工总承包单位将建设工程主体结构的施工分包给其他单位的;

(四)分包单位将其承包的建设工程再分包的。

本条例所称转包,是指承包单位承包建设工程后,不履行合同约定的责任和义务,将其承包的全部建设工程转给他人或者将其承包的全部建设工程肢解以后以分包的名义分别转给其他单位承包的行为。

第七十九条　本条例规定的罚款和没收的违法所得,必须全部上缴国库。

第八十条　抢险救灾及其他临时性房屋建筑和农民自建低层住宅的建设活动,不适用本条例。

第八十一条　军事建设工程的管理,按照中央军事委员会的有关规定执行。

第八十二条　本条例自发布之日起施行。

附:刑法有关条款

第一百三十七条　建设单位、设计单位、施工单位、工程监理单位违反国家规定,降低工程质量标准,造成重大安全事故的,对直接责任人员处五年以下有期徒刑或者拘役,并处罚金;后果特别严重的,处五年以上十年以下有期徒刑,并处罚金。

附录5　重庆市建筑节能条例

第一章　总则

第一条　为了加强建筑节能管理,降低建筑使用能耗,提高能源利用效率,根据《中华人民共和国节约能源法》《中华人民共和国建筑法》《中华人民共和国可再生能源法》及有关法律、法规,结合本市实际,制定本条例。

第二条　在本市行政区域内从事建筑的新建(改建、扩建)、既有建筑的节能改造、民用建筑的用能系统运行管理及相关管理工作,适用本条例。

第三条　本条例所称建筑节能,是指在保证建筑物使用功能和室内热环境质量的前提下,在建筑物的规划、设计、建造和使用过程中采用节能型的建筑技术和材料,降低建筑能源消耗,合理、有效地利用能源的活动。

本条例所称民用建筑,是指居住建筑和公共建筑(包括工业建设项目中具有民用建筑功能的建筑)。

第四条　市、区县(自治县)人民政府应当加强对建筑节能工作的领导,组织有关部门开展建筑节能宣传教育,普及建筑节能科学知识,增强全社会的建筑节能意识。

市、区县(自治县)人民政府应当将建筑节能工作纳入本级国民经济和社会发展计划、能源发展规划。

第五条　市、区县(自治县)建设行政主管部门负责本行政区域内建筑节能的监督管理工作。

市、区县(自治县)经委、发展改革、科学技术、规划、土地、房产、质监、财政、机关事务管理等部门按照各自职责,做好相关建筑节能管理工作。

第二章　一般规定

第六条　市、区县(自治县)人民政府应当鼓励建筑节能的科学研究和技术开发,推广应用节能型建筑技术,促进可再生能源在民用建筑中的开发利用,发挥社会中介组织在推进建筑节能工作中的作用。

第七条　市建设行政主管部门应当组织编制全市建筑节能专项规划,报市人民政府批准后组织实施。

第八条　地方建筑节能标准由市建设行政主管部门会同市标准化行政主管部门组织制定,按法定程序发布。

第九条　市建设行政主管部门应当会同有关部门建立建筑节能技术性能认定公告制度,及时制定、公布并更新推广使用目录和限制或者禁止使用目录。

第十条　对具备可再生能源应用条件的新建(改建、扩建)建筑或者既有建筑节能改造项目,应当优先采用可再生能源。

第三章　新建建筑节能

第十一条　新建建筑工程项目,应当执行建筑节能强制性标准。在改建、扩建时涉及建筑围护结构和用能系统的,应当按照建筑节能强制性标准要求采取建筑节能措施。

第十二条　建筑工程项目进行方案设计或规划行政主管部门对方案设计进行审查时,应当在建筑的布局、体形、朝向、采光、通风和绿化等方面综合考虑能源利用和建筑节能的要求。

第十三条　建筑工程项目的初步设计和施工图设计均应当符合建筑节能强制性标准要求。初步设计阶段应当按照国家有关规定编制建筑节能设计专篇和项目热工计算书,施工图设计阶段应当落实初步设计审批意见和建筑节能强制性标准规定的技术措施。

施工图审查机构在进行施工图设计文件审查时,应当审查节能设计的内容,在审查报告中单列节能审查章节。不符合建筑节能强制性标准的,施工图设计文件审查结论应当定为不合格,市和区县(自治县)建设行政主管部门不得颁发施工许可证。

第十四条　建设单位不得明示或者暗示设计单位、施工单位违反建筑节能强制性标准进行设计、施工;不得明示或者暗示施工单位使用不符合建筑节能强制性标准和施工图设计文件要求的材料、产品、设备和建筑构配件。

按照合同约定由建设单位采购相关材料、产品、设备和构配件的,建设单位应当保证符合建筑节能强制性标准和施工图设计文件要求。

第十五条　施工单位应当对进入施工现场的墙体材料、保温材料、门窗、采暖制冷系统、照明设备进行查验,对产品说明书和产品标识上注明的能耗指标不符合建筑节能强制性标准及施工图设计文件的,不得使用。

对国家和本市规定必须实行见证取样和送检的材料、部品,施工单位应当在建设单位或者监理单位监督下进行现场取样,送建筑节能检测机构进行检测。

第十六条　施工单位、监理单位应当按照国家和本市有关建筑节能要求、建筑节能强制性标准和施工图设计文件进行施工、监理。

第十七条　建设工程质量监督机构应当将建筑节能纳入建筑工程质量监管的重要内容,加强对建筑节能工程施工过程的监督检查。在提交建设工程质量监督报告中,应当有建筑节能的专项监督意见。

第十八条　建筑工程项目竣工后,建设单位应当持有关批准文件,以及设计、施工、监理、用材等资料和其他与能效测评有关的资料,向建设行政主管部门申请建筑能效测评。

建设行政主管部门收到申请后,对资料齐备的,应当在十五日内完成建筑能效测评工作。经测评达到建筑节能强制标准要求的,根据测评结果发给相应的建筑能效标识和证书,作为享受有关优惠政策的依据;经测评达不到建筑节能强制标准要求的,应当出具建筑能效不合格意见。对资料不齐备的,应当场一次性告知申请人补齐相关资料。

建设行政主管部门可以委托建筑节能管理机构具体实施建筑能效测评和建筑能效标识、证书的发放。

建筑能效测评不收取费用。

第十九条　建筑工程项目未经建筑能效测评,或者建筑能效测评不合格的,不得组织竣工验收,不得交付使用,不得办理竣工验收备案手续。

第二十条　建设单位应当将建筑能效标识在建筑物显著位置予以公示。

第二十一条　建筑照明工程应当选用节能型产品,在保证照明质量前提下,合理选择照度标准、照明方式、控制方式并充分利用自然光,降低照明电耗。

第二十二条　房地产开发企业在销售商品房时,应当向购买人明示所销售房屋的能效水平、节能措施及保护要求、节能工程质量保修期等基本信息,并在房屋买卖合同和商品房质量保证书、商品房使用说明书中予以载明。

第二十三条　建筑围护结构保温工程的保修期限不得低于五年。保修期自竣工验收合格之日起计算。

建筑围护结构保温工程在保修范围和保修期限内发生质量问题的,施工单位应当履行保修义务。

第四章　既有建筑节能

第二十四条　既有建筑节能改造应当遵循下列原则:

(一)技术可行,经济合理;

(二)建筑围护结构改造应当与用能系统改造同步进行;

(三)符合建筑节能强制性标准要求;

(四)确保结构安全,不影响建筑使用功能。

第二十五条 市建设行政主管部门应当会同有关部门依照国家要求和本市建筑节能专项规划,提出全市既有建筑节能改造的分步实施计划,报市人民政府批准后,由市有关部门和区县(自治县)人民政府组织实施。

第二十六条 既有民用建筑节能改造应当将国家机关办公建筑和大型公共建筑作为重点。其他公共建筑和居住建筑的建筑节能改造应当在尊重所有权人意愿的基础上逐步实施。

鼓励多元化、多渠道投资民用建筑的节能改造,投资人可以按协议分享民用建筑节能改造所获得的收益。

第二十七条 既有建筑节能改造工程竣工后,建筑物所有权人可以向建设行政主管部门申请建筑能效测评。经测评达到建筑节能强制标准要求的,根据测评结果发给相应的建筑能效标识和证书。

第二十八条 民用建筑所有权人、使用人或其委托的物业服务单位应当定期对建筑物用能系统进行维护、检修、监测及更新置换,保证用能系统的运行符合国家、行业和本市建筑节能强制性标准。

政府鼓励有关专业化公司为公共建筑的空调运行和维护提供专业化服务,实现公共建筑空调系统的节能运行。

民用建筑用能系统运行管理单位的作业人员及其相关管理人员,应当接受建筑节能教育和培训。

第二十九条 市建设行政主管部门应当会同有关主管部门加强对既有公共建筑的运行节能管理,开展以下工作:

(一)建立和完善国家机关办公建筑和大型公共建筑的运行节能监管体系;

(二)制定公共建筑用能设备运行标准以及采暖、制冷、热水供应、照明能耗统计制度;

(三)对采用空调采暖、制冷的公共建筑,实行室内温度控制制度;

(四)制定国家机关办公建筑和大型公共建筑的单位能耗限额;

(五)建立国家机关办公建筑和大型公共建筑的能源审计、能效公示制度。

第五章 激励措施

第三十条 市、区县(自治县)人民政府应当从节能专项资金和有关专项资金中安排专门经费,用于支持下列建筑节能工作:

(一)建筑节能的科学技术研究、标准制定和示范工程;

(二)既有建筑节能改造技术的推广应用;

(三)可再生能源在建筑中的应用;

(四)绿色建筑的推广应用;

(五)促进节能型的建筑结构、材料、设备和产品的产业化。

第三十一条 市、区县(自治县)人民政府应当对民用建筑节能项目给予优惠或补助,具体办法由市人民政府另行制定。

第三十二条 市、区县(自治县)人民政府应当引导金融机构对既有建筑节能改造、可再生能源在建筑中的应用、绿色建筑以及更低能耗建筑工程等项目提供支持。

第三十三条　经市建设行政主管部门会同有关部门认定符合建筑节能产业发展方向的高效节能技术、产品,可享受国家和本市高新技术产业相关优惠政策。

建筑节能产品经认定符合国家和本市公布的新型墙体材料目录或者资源综合利用目录的,按照国家规定享受相应的税收优惠。

第六章　法律责任

第三十四条　建设行政主管部门、其他主管部门、建筑节能管理机构工作人员在建筑节能监督管理工作中玩忽职守、滥用职权、徇私舞弊的,依法给予行政处分;构成犯罪的,依法追究刑事责任。

第三十五条　违反本条例规定,有下列行为之一的,由建设行政主管部门依照有关法律、法规的规定予以处罚:

(一)设计单位未按照建筑节能强制性标准进行设计的;

(二)施工图审查机构出具虚假审查合格报告的;

(三)建设单位明示或者暗示设计单位、施工单位违反建筑节能强制性标准进行设计、施工的;

(四)建设单位采购的相关材料、产品、设备及建筑构配件不符合建筑节能强制性标准和施工图设计文件要求的;

(五)建设单位明示或者暗示施工单位使用不符合建筑节能强制性标准和施工图设计文件要求的材料、产品、设备及建筑构配件的;

(六)施工单位未按照建筑节能强制性标准进行施工的;

(七)施工单位对国家和本市规定必须实行见证取样和送检的材料、部品,未在建设单位或者监理单位监督下进行现场取样,送建筑节能检测机构进行检测的;

(八)施工单位使用能耗指标不符合建筑节能强制性标准和施工图设计文件的墙体材料、保温材料、门窗、采暖空调系统、照明设备的;

(九)监理单位未按照建筑节能强制性标准实施监理的;

(十)房地产开发企业在销售商品房时,未向购买人明示所销售房屋的能效水平、节能措施及保护要求、节能工程质量保修期等基本信息的。

第三十六条　违反本条例规定,建设单位有下列行为之一的,由建设行政主管部门予以处罚:

(一)建筑工程项目未经建筑能效测评,或者建筑能效测评不合格组织竣工验收并出具竣工验收合格报告的,责令改正,处建筑项目施工合同价款百分之二以下的罚款;

(二)未将建筑能效标识在建筑物显著位置予以公示的,责令限期改正,逾期未改正的,处一万元以下的罚款;

(三)使用伪造的节能建筑能效标识或者冒用建筑能效标识的,责令改正,处一万元以上十万元以下的罚款。

第三十七条　违反本条例规定,设计单位在初步设计阶段未编制建筑节能设计专篇和项目热工计算书,或者在施工图设计阶段未落实初步设计审批意见和建筑节能强制性标准规定的技术措施的,由建设行政主管部门责令限期改正;逾期未改正的,处三万元以下的罚款。

第三十八条　建筑节能检测机构不执行国家和本市标准、规范或者出具虚假报告的,由市建设行政主管部门责令改正,处一万元以上十万元以下的罚款。

第三十九条　依照本条例规定,作出处十万元以上罚款的行政处罚前,应当告知当事人有要求听证的权利。

第七章　附则

第四十条　建筑节能检测机构的管理,依照国家有关建设工程质量检测机构的规定执行。法律、法规另有规定的,从其规定。

第四十一条　鼓励临时性房屋建筑和农民自建自用住宅建筑采用建筑节能措施。

第四十二条　本条例自 2008 年 1 月 1 日起施行。

参考文献

[1] 龙惟定,武涌.建筑节能技术[M].北京:中国建筑工业出版社,2009.

[2] 龙惟定,武涌.建筑节能管理[M].北京:中国建筑工业出版社,2009.

[3] 吴波,董孟能.墙体自保温系统设计指南[M].重庆:重庆大学出版社,2010.

[4] 涂逢祥,等.坚持中国特色建筑节能发展道路[M].北京:中国建筑工业出版社,2010.

[5] 住房和城乡建设部工程质量安全监管司,中国建筑股份有限公司.建筑节能工程施工技术要点[M].北京:中国建筑工业出版社,2009.

[6] 中华人民共和国建设部,中华人民共和国国家质量监督检验检疫总局 GB 50411—2007 建筑节能工程施工质量验收规范[S].北京:中国建筑工业出版社,2007.

[7] 徐伟,邹瑜.公共建筑节能改造技术指南[M].北京:中国建筑工业出版社,2010.

[8] 董孟能.重庆江水水源热泵应用关键技术——取水及水质处理技术探讨[J].建设科技,2007(17).

[9] 重庆市城乡建设委员会.重庆市建筑节能"十二五"专项规划,2011(3).

[10] 重庆市城乡建设委员会.重庆市可再生能源建筑应用"十二五"规划,2011.

[11] 重庆市城乡建设委员会.重庆市可再生能源建筑应用中长期发展规划,2009.

[12] 黄忠,刘宪英,等.重庆某江水源热泵空调工程[J].暖通空调,2008(2).

[13] 刘加平,等.绿色建筑概论[M].北京:中国建筑工业出版社,2010.

[14] 中华人民共和国建设部.GB 50378—2006 绿色建筑评价标准[S].北京:中国建筑工业出版社,2006.

[15] 重庆市城乡建设委员会.DBJ/T 50—066—2009 重庆市绿色建筑评价标准.2009.

[16] 崔阔麟.建设工程质量监督手册[M].北京:中国建筑工业出版社,2011.

[17] 刘鹏,孙金颖.建筑节能工作手册[M].北京:中国建筑工业出版社,2009.

[18] 中建协建设工程质量监督分会.建设工程质量监督管理手册[M].北京:中国建筑业协会,2004.

[19] 朱茜,等.全国民用建筑工程设计技术措施节能专篇[M].北京:中国计划出版社,2007.

[20] 莫天柱,等.外墙保温对规划控制指标的影响[J].住宅产业,2010(8).

[21] 莫天柱,等.浅淡墙体自保温系统[J].建筑节能,2010(9).

[22] 莫天柱,等.夏热冬冷地区规划方案阶段控制体型系数的研究[J].建筑节能,2010(4).

[23] 莫天柱,等,夏热冬冷地区居住建筑两种节能评估方法对比分析[J].住宅产业,2010(4).

［24］莫天柱,等.自然通风器在居住建筑中的使用［J］.建设科技,2010(9).

［25］阳江英,等.重庆地区外窗遮阳能效模拟分析［J］.建筑节能,2008(9).

［26］董孟能,等.夏热冬冷地区热桥对建筑能耗影响的定量分析［J］.重庆建筑大学学报,2008(2).

［27］董孟能.影响建筑能效测评标识评价主要因素分析［J］.建设科技,2009(4).

［28］董孟能,等.重庆市建筑能效测评标识制度的实践［J］.墙材革新与建筑节能,2009(7).

［29］董孟能,等.重庆建筑能效测评标识制度［J］.建设科技,2008(6).

［30］董孟能,等.重庆加强建筑节能设计审查［J］.建设科技,2008(9).

［31］董孟能,等.加强政府监管突出立法创新——《重庆市建筑节能条例》解读［J］.墙体革新与建筑节能,2008(5).

［32］董孟能,等.重庆市新型墙体材料发展对策及应用技术研究［D］.重庆大学:重庆大学,2006.